高等职业技术教育电子电工类专业系列教材

数字电子技术项目化教程

主　编　马艳阳　　侯艳红　　张生杰
参　编　王月爱
主　审　冯向莉

西安电子科技大学出版社

内 容 简 介

本书将数字电子技术的基本知识、基本技能、基本分析方法融入其中,同时涵盖了国家相关职业技能标准的各项操作及技能要求。全书采用项目教学、任务驱动、案例教学的方式编写而成。全书共分六个项目,内容包括逻辑测试笔的制作与调试、数码显示器的制作与调试、四路竞赛抢答器的制作与调试、触摸式报警器的制作与调试、三位数显测频仪的制作与调试、数字电压表的制作与调试等。

本书可作为高等职业院校应用电子技术专业、电子信息工程专业、通信技术专业教学用书和国家电子技术职业技能认证的培训教材,也可作为无线电制作爱好者的自学用书,并配有教学网站,包括教学指南、电子教案、课件及习题答案等。

课程网站:http://jpkc.gfxy.com/2010/dzjs。

图书在版编目(CIP)数据

数字电子技术项目化教程/马艳阳,侯艳红,张生杰主编.
—西安:西安电子科技大学出版社,2013.9(2022.8 重印)
ISBN 978 - 7 - 5606 - 3180 - 6

Ⅰ. ① 数… Ⅱ. ① 马… ② 侯… ③ 张… Ⅲ. ① 数字 电路—电子技术—高等职业教育—教材 Ⅳ. ①TN79

中国版本图书馆 CIP 数据核字(2013)第 209189 号

责任编辑 买永莲 陈 婷
出版发行 西安电子科技大学出版社(西安市太白南路 2 号)
电 话 (029)88202421 88201467 邮 编 710071
网 址 www.xduph.com 电子邮箱 xdupfxb001@163.com
经 销 新华书店
印刷单位 西安日报社印务中心
版 次 2013 年 9 月第 1 版 2022 年 8 月第 6 次印刷
开 本 787 毫米×1092 毫米 1/16 印张 11.5
字 数 268 千字
印 数 7101～7600 册
定 价 26.00 元
ISBN 978 - 7 - 5606 - 3180 - 6/TN
XDUP 3472001 - 6

前　　言

　　本书是为适应高等职业院校项目化课程改革需求，培养高等职业技能型人才而编写的高职高专电类专业通用型教材。在编写过程中，编者认真研究了国家职业技能鉴定标准和电子产品生产一线的岗位要求，结合职业教育的实际情况组织教材内容，努力使教材符合理论实践一体化的教学需要。

　　本书以项目为基本写作单元，根据高等职业院校学生的学习认知规律，在内容安排和表达方式上力求做到理论知识和技能训练相融合，知识引入由浅到深，并通过典型电子产品案例带动知识技能的学习，让学生在"做中学，学中做"，实现理论服务于实践，实践验证理论的学习效果。

　　本书共六个项目，主要内容包括：逻辑测试笔的制作与调试、数码显示器的制作与调试、四路竞赛抢答器的制作与调试、触摸式报警器的制作与调试、三位数字测频仪的制作与调试、数字电压表的制作与调试等。训练"项目"是本书的结构单元和教学单元，每一个项目又包含相对独立的理论知识和技能训练。学生在完成每个项目时，既能通过针对性的知识学习来指导其完成对应的技能训练，又能通过技能训练过程中的实际感受和直观体会来加深对知识的理解，以达到理论学习和技能实践的有机融合。

　　本书建议学时为108学时，其中讲授48学时，技能训练60学时。教师也可根据实际需要自行调整。

　　本书由陕西国防工业职业技术学院马艳阳、侯艳红、张生杰担任主编，冯向莉担任主审。其中项目一、项目三及拓展知识三由马艳阳编写，项目二、项目四由侯艳红编写，项目五、项目六由张生杰编写，拓展知识一和二由王月爱编写。全书由马艳阳、侯艳红统稿。在编写过程中，编者参考了许多专家学者的著作、习题等资料，另外周永金老师对本书的编写还提出了许多宝贵意见，在这里对所有帮助和支持本书出版的领导、同事表示由衷的感谢。

　　限于编者水平，书中难免会有不当之处，恳请读者批评指正。

编　者

2013 年 3 月

目　　录

项目一　逻辑测试笔的制作与调试

知识目标：

(1) 了解数字电路的特点与逻辑代数的基本概念。

(2) 掌握逻辑代数的基本运算及相关运算法则与定律。

(3) 掌握逻辑函数的表示方法及各种表示方法之间的相互转换。

(4) 掌握逻辑函数的公式化简法与卡诺图化简法。

(5) 掌握各种集成门电路的特点及使用注意事项。

能力目标：

(1) 了解数字集成电路资料查阅、识别与选取方法。

(2) 掌握常用门电路的测试方法。

(3) 初步了解数字电路的故障检修方法。

(4) 了解数字电路的搭接技巧。

(5) 能分析逻辑测试笔的工作原理。

(6) 能对逻辑测试笔进行安装与测试。

1.1　项　目　描　述

数字电路主要研究的是输出信号的状态(0或1)与输入信号的状态(0或1)之间的关系，这是一种因果关系，也就是所谓的逻辑关系，即电路的逻辑功能。在数字电路中，经常要检测电路的输入与输出是否符合所要求的逻辑关系，但是用万用表测试数字电路电平的高低显得很不方便，可以用逻辑测试笔来测试。逻辑测试笔也叫做逻辑探针，它是数字电路设计、实验、检查和维修中最简单实用的工具。

本项目通过采用集成逻辑门制作逻辑测试笔，来了解数字电路的特征及应用。

1.1.1　项目学习情境：逻辑测试笔的制作与调试

图1-1所示为逻辑测试笔的电路原理图，此电路由集成逻辑门构成。本项目需要完成的主要任务是：① 熟悉电路各元器件的作用；② 进行电路元器件的安装；③ 进行电路参数的测试与调整；④ 撰写电路制作报告。

1.1.2　电路分析与电路元器件参数及功能

一、电路分析

如图1-1所示电路，当被测点为高电平时，VD_1 导通，VT_1 发射极输出高电平，经 U1A 反相后，输出低电平，LED_1(红色发光二极管)导通而发光。此时，VD_2 截止，U2A

输出低电平，U3A 输出高电平，使 LED$_2$（绿色发光二极管）截止而不发光，而 U4A 输出高电平，使 LED$_3$（黄色发光二极管）截止而不发光。

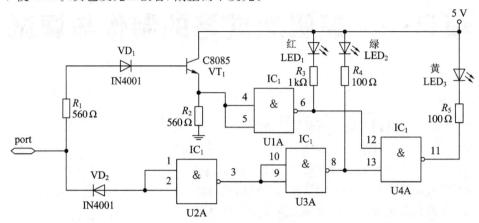

图 1-1　逻辑测试笔电路原理图

当被测点为低电平时，VD$_2$ 导通，从而使 U2A 输出高电平，U3A 输出低电平，LED$_2$ 导通而发光。此时，VD$_1$ 截止，VT$_1$ 发射极输出低电平，经 U1A 反相后，输出高电平，LED$_1$ 截止而不发光。由于 U3A 输出低电平，使 U4A 输出高电平，则 LED$_3$ 截止而不发光。

当探针悬空时，U1A 输出高电平，LED$_1$ 不发光，U2A 输出低电平，U3A 输出高电平，LED$_2$ 不发光，U4A 输出低电平，此时 LED$_3$ 发光。

注意：图 1-1 中四个与非门输入、输出端的数字代表了 74LS00 芯片的引脚号。

二、电路元器件参数及功能

逻辑测试笔电路元器件参数及功能如表 1-1 所示。

表 1-1　逻辑测试笔电路元器件参数及功能

序　号	元器件代号	名　称	型号及参数	功　能
1	R_1	电阻器	RT－0.125－560 Ω±5%	VT$_1$ 偏置、限流电阻
2	R_2	电阻器	RT－0.125－560 Ω±5%	VT$_1$ 射极输出电阻
3	R_4、R_5	电阻器	RT－0.125－100 Ω±5%	发光二极管限流
4	R_3	电阻器	RT－0.125－1 kΩ±5%	发光二极管限流
5	VD$_1$、VD$_2$	二极管	IN4001	电子开关
6	LED$_1$	发光二极管	3122D(红)	电平指示
7	LED$_2$	发光二极管	3124D(绿)	电平指示
8	LED$_3$	发光二极管	3125D(黄)	电平指示
9	VT$_1$	三极管	C8050	电压跟随
10	IC$_1$	集成门电路	74LS00	将信号反相并驱动发光二极管

1.2　知　识　链　接

1.2.1　数字电路的基本概念

电子电路所处理的电信号可以分为两大类：一类是在时间和数值上都是连续变化的信号，称为模拟信号，例如电流信号、电压信号等，如图 1-2(a)所示；另一类是在时间和数值上都是离散的信号，称为数字信号，例如计算机中传送的数据信号、IC 卡信号等，如图 1-2(b)所示。传递和处理数字信号的电路，称为数字电路。随着现代电子技术的发展，数字电路已广泛用于通信、计算机、自动控制以及家用电器等领域。

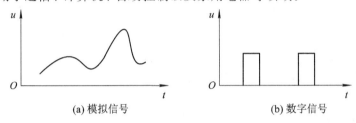

(a) 模拟信号　　　　　　　　　　　(b) 数字信号

图 1-2　模拟信号与数字信号

与模拟电路相比，数字电路具有以下显著的优点：

(1) 工作信号是二进制的数字信号，反映在电路上是高低电平两种状态。

(2) 研究的主要问题是电路的逻辑功能。

(3) 电路结构简单，便于集成、系列化生产，成本低廉，使用方便。

(4) 抗干扰性强，可靠性高，精度高。

(5) 对电路中元器件精度要求不高，只要能区分 0 和 1 两种状态即可。

(6) 数字信号更易于存储、加密、压缩、传输和再现。

在数字电路中，通常将高电位称为高电平，低电位称为低电平。在实际数字电路中，高电平通常在 +3.5 V 左右，低电平通常在 0.3 V 左右。由于数字电路采用二进制数来进行信息的传输和处理，为了分析方便，在数字电路中分别用二进制数 1 和 0 表示高电平和低电平。一般将高电平对应 1 态、低电平对应 0 态的逻辑关系称为正逻辑关系；高电平对应 0 态、低电平对应 1 态的逻辑关系称为负逻辑关系。本书所采用的都是正逻辑关系。

数字电路不能采用模拟电路的分析方法，而是以逻辑代数作为主要工具，利用真值表、逻辑函数表达式、波形图和卡诺图等来表示电路的逻辑关系。

1.2.2　数制和码制

一、数制

数字电路中经常遇到计数问题。在日常生活中，人们习惯于采用十进制数，而在数字电路中一般采用二进制数，有时也采用八进制数或十六进制数。对于任何一个数，可以用不同的数制来表示。

1. 十进制数

十进制全称为十进位计数制，每一位有 0～9 十个可能的数码，计数规则为"逢十进一"。该数制的计数基数(每一位规定使用的数码符号的个数)为 10,数位的权值(某个数位上数码为 i 时所表征的数值)为 10^i,i 是各位的序号。任何一个十进制数都可以按权值展开,例如十进制数 136.78 可以写成

$$(136.78)_{10} = 1 \times 10^2 + 3 \times 10^1 + 6 \times 10^0 + 7 \times 10^{-1} + 8 \times 10^{-2}$$

十进制常用 D 来表示,如十进制数 305 可表示为 $(305)_D$。

2. 二进制数

二进制数每一位有 0 和 1 两个可能的数码,计数规则为"逢二进一"。该数制的计数基数为 2,数位的权值为 2^i。任何一个二进制数都可以按权值展开,例如二进制数 110.11 可以写成

$$(110.11)_2 = 1 \times 2^2 + 1 \times 2^1 + 0 \times 2^0 + 1 \times 2^{-1} + 1 \times 2^{-2}$$

二进制常用 B 来表示,如二进制数 1011 可表示为 $(1011)_B$。

3. 八进制数

八进制数每一位有 0~7 八个可能的数码,计数规则为"逢八进一"。该数制的计数基数为 8,数位的权值为 8^i。任何一个八进制数都可以按权值展开,例如八进制数 16 可以写成

$$(16)_8 = 1 \times 8^1 + 6 \times 8^0$$

八进制常用 O 来表示,如八进制数 567 可表示为 $(567)_O$。

4. 十六进制数

十六进制数每一位有十六个可能的数码,分别用 0~9、A(10)、B(11)、C(12)、D(13)、E(14)、F(15)表示,计数规则为"逢十六进一"。该数制的计数基数为 16,数位的权值为 16^i。任何一个十六进制数都可以按权值展开,例如十六进制数 4C.8E 可以写成

$$(4C.8E)_{16} = 4 \times 16^1 + 12 \times 16^0 + 8 \times 16^{-1} + 14 \times 16^{-2}$$

十六进制数常用 H 来表示,如十六进制数 A13 可表示为 $(A13)_H$。

二、不同数制之间的相互转换

1. 非十进制数转换成十进制数

将非十进制数转换成十进制数一般采用按权值展开相加的方法,具体步骤是:首先把非十进制数写成按权值展开的多项式,然后按十进制数的计数规则求其和,就可得到对应的十进制数。

例如,将 $(10101.11)_2$ 转换成十进制数:

$$(10101.11)_2 = 1 \times 2^4 + 0 \times 2^3 + 1 \times 2^2 + 0 \times 2^1 + 1 \times 2^0 + 1 \times 2^{-1} + 1 \times 2^{-2}$$
$$= 16 + 0 + 4 + 0 + 1 + 0.5 + 0.25$$
$$= (21.75)_{10}$$

再如,将 $(265.34)_8$ 转换成十进制数:

$$(265.34)_8 = 2 \times 8^2 + 6 \times 8^1 + 5 \times 8^0 + 3 \times 8^{-1} + 4 \times 8^{-2}$$
$$= 128 + 48 + 5 + 0.375 + 0.0625$$
$$= (181.4375)_{10}$$

2. 十进制数转换成非十进制数

将十进制数转换为非十进制数时,整数部分和小数部分要分别进行转换,再把两者的转换结果用小数点相连。

（1）整数部分常用的方法是除基数取余倒排法。把十进制整数 N 转换成 R 进制数的具体步骤如下：

① 将 N 除以 R，记下所得的商和余数；

② 将上一步所得的商再除以 R，记下所得的商和余数；

③ 重复做第②步，直到商为 0；

④ 将各步求得的余数按照与运算过程相反的顺序把各个余数排列起来，即为所求的 R 进制数。

例如，将 $(47)_{10}$ 转换成二进制数：

即

$$(47)_{10} = (101111)_2$$

（2）小数部分常用的方法是乘基数取整顺排法。把十进制的小数 M 转换成 R 进制数的具体步骤如下：

① 将 M 乘以 R，记下整数部分；

② 将上一步乘积中的小数部分再乘以 R，记下整数部分；

③ 重复做第②步，直到小数部分为 0 或者满足精度要求为止；

④ 将各步求得的整数按照与运算过程相同的顺序排列起来，即为所求的 R 进制数。

例如，将 $(0.85)_{10}$ 转换成十六进制数：

$$0.85 \times 16 = 13.6 \quad\cdots\cdots\cdots\cdots\quad 13(D) \quad 最高位$$
$$0.6 \times 16 = 9.6 \quad\cdots\cdots\cdots\quad 9$$
$$0.6 \times 16 = 9.6 \quad\cdots\cdots\cdots\quad 9$$
$$\cdots \qquad\qquad \cdots \qquad\qquad 最低位$$

即

$$(0.85)_{10} = (0.D99\cdots)_{16}$$

例如，将 $(25.375)_{10}$ 转换成二进制数：

整数部分转换如下：　　　　　　小数部分转换如下：

即

$$(25.375)_{10} = (11001.011)_2$$

可以看出，将十进制小数转换成非十进制小数后两数不会有可能绝对相等，可能只是近似。

3. 二进制数转换成十六进制数

二进制数转换成十六进制数时，其整数部分和小数部分可以同时进行转换，具体方法是：以二进制数的小数点为起点，分别向左、右，每四位分为一组。对于小数部分，最低位一组不足四位时，必须在有效位右边补 0，使其足位；对于整数部分，最高位一组不足四位时，可在有效位的左边补 0，也可以不补。然后，把每一组二进制数转换成十六进制数，并保持原序列，即可得到所需的转换结果。

例如，将 $(100111101.10011)_2$ 转换成十六进制数：

$$\frac{1}{1} \quad \frac{0011}{3} \quad \frac{1101}{D} \quad \cdot \quad \frac{1001}{9} \quad \frac{1000}{8}$$

即

$$(100111101.10011)_2 = (13D.98)_{16}$$

4. 十六进制数转换成二进制数

十六进制数转换成二进制数时，只要把十六进制数的每一位数码分别转换成四位二进制数，并保持原序列即可。整数最高位一组左边的 0 和小数最低位一组右边的 0 可以省略。

例如，将 $(35A.26)_{16}$ 转换成二进制数：

$$\frac{3}{0011} \quad \frac{5}{0101} \quad \frac{A}{1010} \quad \cdot \quad \frac{2}{0010} \quad \frac{6}{0110}$$

即

$$(35A.26)_{16} = (1101011010.0010011)_2$$

二进制数与八进制数之间的转换，读者可参考二进制数与十六进制数之间的转换规则自行分析。

三、码制

数字电路中处理的信息除了数制信息外，还有文字、符号以及一些特定的操作（例如表示确认的回车操作）等，一般要处理这些信息，必须将其用二进制数码来表示。为了便于记忆和查找，这些用来表示特定含义的二进制数码在编码时必须遵循一定的规则，这个规则就是码制。这些特定二进制数码称为这些信息的代码，这些代码的编制过程称为编码。

例如，用四位二进制数表示一位十进制数的 0~9 十个数码时，就有多种不同的码制。通常将这些代码称为二-十进制码，简称 BCD(Binary Coded Decimal)码。BCD 码有多种形式，常用的有 8421 码、2421 码、5421 码、余 3 码等，它们的编码规则各不相同，表 1-2 给出了几种常用的 BCD 码。

8421BCD 码是最常见的一种 BCD 码，其特点是每一位二进制数 1 都代表十进制数中一个固定数码，把每一位的 1 代表的十进制数加起来，得到的结果就是它代表的十进制数。由于代码中从左到右每一位的 1 分别表示 8、4、2、1，所以把这种 BCD 码也叫做 8421 码，每一位的 1 代表的十进制数称为该位的权。8421BCD 码中每一位的权是固定不变的，因此它属于恒权代码。

表 1 - 2　几种常用的 BCD 码

十进制数	8421 码	2421 码	5421 码	余 3 码
0	0000	0000	0000	0011
1	0001	0001	0001	0100
2	0010	0010	0010	0101
3	0011	0011	0011	0110
4	0100	0100	0100	0111
5	0101	1011	1000	1000
6	0110	1100	1001	1001
7	0111	1101	1010	1010
8	1000	1110	1011	1011
9	1001	1111	1100	1100
权	8421	2421	5421	无权码

2421 码和 5421 码也是恒权代码，与 8421 码类似。

余 3 码不是恒权代码，其特点是二进制数码转换成十进制数后，比对应的十进制数大 3，故称为余 3 码。

除了上面介绍的二-十进制码外，常见的 BCD 码还有格雷码、奇偶校验码、字符码等。

1.2.3　逻辑代数的基本运算

一、逻辑代数的基本概念

逻辑是指事物之间的因果关系，或者说是条件与结果的关系，这些因果关系可以用逻辑运算来表示，也就是用逻辑代数来描述。

逻辑代数是按一定的逻辑关系进行运算的代数，是分析和设计数字电路的工具。在逻辑代数中有与、或、非三种基本逻辑运算，还有与或、与非、与或非等复合逻辑运算。

事物往往存在两种对立的状态，在逻辑代数中可以抽象地表示为 0 和 1，称为逻辑 0 和逻辑 1。逻辑代数中的变量称为逻辑变量，用大写字母表示。逻辑变量的取值只有 0 和 1 两种，0 和 1 称为逻辑常量，并不表示数值的大小，而表示两种对立的逻辑关系。

二、基本逻辑运算

基本逻辑运算有与、或、非三种。任何复杂的逻辑关系都可以通过与、或、非组合而成。为了便于理解，我们用开关控制电路(见图 1 - 3)为例来说明这三种运算。将开关闭合或断开(即状态真或假)作为条件，将灯亮或灯灭作为结果。

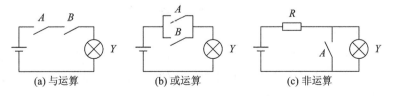

(a) 与运算　　　　(b) 或运算　　　　(c) 非运算

图 1 - 3　用于说明与、或、非定义的电路

在图 1-3(a)所示电路中，只有当两个开关同时闭合时，指示灯才会亮，即决定事物结果的全部条件同时为真，结果才会发生。这种因果关系叫做逻辑与，也叫做逻辑相乘，其逻辑运算符号为"·"，逻辑函数表达式为

$$Y = A \cdot B$$

在图 1-3(b)所示电路中，只要任何一个开关闭合，指示灯就会亮，即决定事物结果的诸条件中只要有任何一个为真，结果就会发生。这种因果关系叫做逻辑或，也叫做逻辑相加，其逻辑运算符号为"＋"，逻辑函数表达式为

$$Y = A + B$$

在图 1-3(c)所示电路中，当开关断开时灯亮，开关闭合时灯灭，即只要条件为真，结果就不会发生；而当条件为假时，结果则发生。这种因果关系叫做逻辑非，也叫做逻辑求反，其逻辑运算符号为"－"，逻辑函数表达式为

$$Y = \overline{A}$$

若以 A、B 表示开关的状态，1 表示开关闭合，0 表示开关断开；Y 表示指示灯的状态，1 表示灯亮，0 表示灯灭。可以列出图 1-3 各电路对应的逻辑关系图表，如表 1-3、表 1-4、表 1-5 所示，这种图表又称为真值表。

表 1-3　与逻辑真值表

A	B	Y
0	0	0
0	1	0
1	0	0
1	1	1

表 1-4　或逻辑真值表

A	B	Y
0	0	0
0	1	1
1	0	1
1	1	1

表 1-5　非逻辑真值表

A	Y
0	1
1	0

我们把实现逻辑运算的单元电路称为逻辑门电路。把实现与逻辑运算的单元电路称为与门电路(简称与门)，把实现或逻辑运算的单元电路称为或门电路(简称或门)，把实现非逻辑运算的单元电路称为非门电路(简称非门)。

与、或、非逻辑运算还可以用图 1-4 所示的图形符号表示。这些图形符号也表示相应的逻辑门电路。

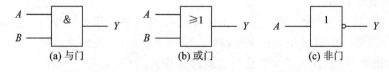

图 1-4　与、或、非逻辑运算的图形符号

三、复合逻辑运算

除了与、或、非三种基本逻辑运算外，还有五种复合逻辑运算，这五种复合逻辑运算是由三种基本逻辑运算中的两种或三种组合而成的，它们的逻辑表达式、逻辑符号、真值表及逻辑运算规律如表 1-6 所示。

表 1-6　五种复合逻辑关系

逻辑名称	与 非		或 非		与 或 非		异 或		同 或	
逻辑表达式	$Y=\overline{A \cdot B}$		$Y=\overline{A+B}$		$Y=\overline{A \cdot B + C \cdot D}$		$Y=A \oplus B$		$Y=A \odot B$	
逻辑符号										
真值表	$A\ B$	Y	$A\ B$	Y	$A\ B\ C\ D$	Y	$A\ B$	Y	$A\ B$	Y
	0 0	1	0 0	1	0 0 0 0	1	0 0	0	0 0	1
	0 1	1	0 1	0	0 0 0 1	1	0 1	1	0 1	0
	1 0	1	1 0	0	⋮	⋮	1 0	1	1 0	0
	1 1	0	1 1	0	1 1 1 1	0	1 1	0	1 1	1
逻辑运算规律	有 0 得 1 全 1 得 0		有 1 得 0 全 0 得 1		与项为 1 结果为 0 其余输出全为 1		不同为 1 相同为 0		不同为 0 相同为 1	

1.2.4　逻辑代数的基本定律及基本规则

一、逻辑代数的基本定律

逻辑代数的基本定律反映了逻辑运算的一些基本规律,只有掌握了这些基本定律,才能正确地分析和设计逻辑电路。表 1-7 列出了逻辑代数的基本定律。

表 1-7　逻辑代数的基本定律

定律名称	逻 辑 与	逻 辑 或
0-1 律	$A \cdot 0 = 0$	$A + 1 = 1$
自等律	$A \cdot 1 = A$	$A + 0 = A$
重叠律	$A \cdot A = A$	$A + A = A$
互补律	$A \cdot \overline{A} = 0$	$A + \overline{A} = 1$
交换律	$A \cdot B = B \cdot A$	$A + B = B + A$
结合律	$A(BC) = (AB)C$	$A + (B+C) = (A+B) + C$
分配律	$A(B+C) = AB + AC$	$A + BC = (A+B)(A+C)$
反演律	$\overline{AB} = \overline{A} + \overline{B}$	$\overline{A+B} = \overline{A} \cdot \overline{B}$
还原律	$\overline{\overline{A}} = A$	
吸收律		$AB + A\overline{B} = A$ $A \mid \overline{A}B = A \mid B$ $A + AB = A$
隐含律		$AB + \overline{A}C + BC = AB + \overline{A}C$ $AB + \overline{A}C + BCD = AB + \overline{A}C$

上述基本定律可以用真值表加以证明,这里从略。

二、逻辑代数的基本规则

1. 代入规则

在任何一个逻辑等式中，如果将等式两边的某一变量都用一个函数代替，则等式仍然成立。代入规则之所以成立，是因为任何一个逻辑函数也和逻辑变量一样，只有 0 和 1 两种取值，可以将逻辑函数作为逻辑变量对待，则上述规则必然成立。利用代入规则可以扩大基本定律的应用范围。

例如，$A(B+C)=AB+AC$，若用 $G=D+E$ 代替等式中的 C，则

$$A(B+G)=A[B+(D+E)]=AB+A(D+E)=AB+AD+AE$$

2. 反演规则

若将逻辑函数 Y 中所有的"·"换成"+"，"+"换成"·"，0 换成 1，1 换成 0，原变量换成反变量，反变量换成原变量，则得到的结果就是 $\overline{Y}$。反演规则为求取已知逻辑式的反逻辑式提供了方便。

在使用反演规则时还需注意遵守以下两个规定：一是仍需遵守"先括号，然后与，最后或"的运算优先次序；二是不属于单个变量上的非号应保留不变。

例如，若 $Y=A\overline{B}+\overline{C}D$，则

$$\overline{Y}=(\overline{A}+B)\cdot(C+\overline{D})$$

反演规则实际上是反演律的推广，或者说反演律是反演规则的一个特例。

3. 对偶规则

若将逻辑函数 Y 中所有的"·"换成"+"，"+"换成"·"，0 换成 1，1 换成 0，并保持原先的逻辑优先级，变量不变，两个变量以上的"非"号不动，则可得原函数 Y 的对偶式 Y'，且 Y 和 Y' 互为对偶式。

例如，若 $Y=A\overline{B}+\overline{C}D$，则对偶式为

$$Y'=(A+\overline{B})\cdot(\overline{C}+D)$$

如果两个逻辑函数表达式相等，则它们的对偶式必然相等。应用这一规则在证明逻辑函数等式成立时，可以通过证明对偶式相等来验证。我们可以从表 1－7 看出一些基本公式是成对出现的，二者互为对偶式。

1.2.5 逻辑函数的表示方法及其相互转换

一、逻辑函数的表示方法

逻辑函数中用字母 A，B，C，…表示输入变量，用 Y 表示输出变量，一般地说，如果输入变量 A，B，C，…取值确定之后，输出变量 Y 的值也被唯一确定，那么就称 Y 是 A，B，C，…的函数，并写成

$$Y=F(A,B,C,\cdots)$$

逻辑函数有多种表示方法：真值表、逻辑函数表达式、逻辑图、卡诺图等。下面以图 1－5 所示的举重裁判电路为例，分别介绍逻辑函数的前三种表示方法，用卡诺图表示逻辑函数的方法将在 1.2.6 节中介绍。

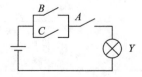

图 1－5　举重裁判电路

举重比赛规则规定：在一名主裁判和两名副裁判中，必须有两人以上(而且必须包括主裁判)认定运动员的动作合格，试举才算成功。比赛时，主裁判控制开关 A，两名副裁判分别控制开关 B 和 C。当运动员举起杠铃时，裁判认为动作合格了就闭合开关，否则不闭合。显然，指示灯 Y 的状态(亮与灭)是开关 A、B、C 状态(闭合与断开)的函数。

若以 1 表示开关闭合，0 表示开关断开；以 1 表示灯亮，以 0 表示灯灭，则指示灯 Y 的状态是开关 A、B、C 状态的二值逻辑函数，即

$$Y=F(A，B，C)$$

1. 真值表

将输入变量组合按二进制代码由小到大的顺序一一列出来，并将输入变量所有取值组合下对应的输出值找出来，形成表格，即为真值表。

根据图 1−5 所示电路的工作原理，不难看出，只有 A 为 1，同时 B、C 至少有一个为 1 时，Y 才等于 1，于是可列出表 1−8 的真值表。

表 1−8　图 1−5 电路的真值表

A	B	C	Y	A	B	C	Y
0	0	0	0	1	0	0	0
0	0	1	0	1	0	1	1
0	1	0	0	1	1	0	1
0	1	1	0	1	1	1	1

2. 逻辑函数表达式

将输出变量与输入变量之间的关系写成与、或、非运算的表达式，即为逻辑函数表达式。

在图 1−5 所示电路中，根据对电路的功能要求和与、或运算的逻辑定义，"B、C 中至少有一个闭合"可以表示为 $(B+C)$，"同时还要求闭合 A"，则应写做 $A \cdot (B+C)$，因此得到输出 Y 的逻辑函数表达式：

$$Y=A \cdot (B+C)$$

3. 逻辑图

将逻辑函数中各变量之间的与、或、非逻辑运算用图形符号表示出来，即为逻辑图。上式的逻辑图如图 1−6 所示。

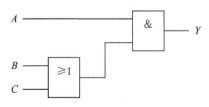

图 1−6　举重裁判电路的逻辑图

二、逻辑函数各种表示方法之间的相互转换

上述逻辑函数的三种不同表示方法是用不同的表现形式描述同一个逻辑关系，那么这三种方法之间必能相互转换，经常用到的转换方法有以下几种。

1. 由真值表写出逻辑函数表达式

已知真值表写出逻辑函数表达式的一般方法是：

(1) 挑出真值表中使函数值为 1 的输入变量组合。

(2) 将挑出的每组变量组合对应写成一个与项，其中变量取值为 1 的写成原变量，变量取值为 0 的写成反变量。

(3) 将这些与项相或，就可以得到逻辑函数的标准与或式。

例 1.1　已知一个逻辑函数的真值表如表 1-9 所示，试写出其逻辑函数表达式。

表 1-9　函数的真值表

A	B	C	Y	A	B	C	Y
0	0	0	0	1	0	0	0
0	0	1	1	1	0	1	1
0	1	0	0	1	1	0	0
0	1	1	1	1	1	1	1

解　A、B、C 有 4 种取值组合使 Y 为 1。按照变量取值为 1 的写成原变量，变量取值为 0 的写成反变量的原则，可得 4 个乘积项：$\overline{A}\,\overline{B}C$、$\overline{A}BC$、$A\overline{B}C$、$ABC$。将这 4 个乘积项相或所得到的就是逻辑函数 Y 的表达式，即

$$Y=\overline{A}\,\overline{B}\,C+\overline{A}BC+A\overline{B}C+ABC$$

2. 由逻辑函数表达式写出真值表

只要把输入变量的所有取值组合代入逻辑函数表达式后进行运算求出函数值，把输入变量与函数值的对应关系用表格的形式列出，即得到真值表。

例 1.2　已知逻辑函数表达式为 $Y=A\overline{B}+\overline{A}B$，求出对应的真值表。

解　只要将 A、B 的各种取值组合逐一代入逻辑函数表达式 Y 进行计算，将计算结果列成表，即得表 1-10 所示的真值表。

表 1-10　例 1.2 的真值表

A	B	Y
0	0	0
0	1	1
1	0	1
1	1	0

3. 由逻辑函数表达式画出逻辑图

将逻辑运算中的图形符号逐一代替逻辑函数表达式中的逻辑运算符号，就可以画出对应的逻辑图。

例 1.3　已知逻辑函数表达式为 $Y=(A+B)C$，画出其逻辑图。

解　A、B 是或运算，而和 C 是与运算，用逻辑运算的图形符号代替式中的逻辑运算符号，即可得图 1-7 所示的逻辑图。

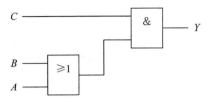

图 1-7　例 1.3 的逻辑图

4. 根据逻辑图写出逻辑函数表达式

只要由输入端到输出端逐级写出每个图形符号对应的逻辑函数表达式，就可以得到与逻辑图对应的逻辑函数表达式。

例 1.4　已知逻辑函数 Y 的逻辑图如图 1-8 所示，试写出其逻辑函数表达式。

解　从输入端 A、B 开始逐个写出每个图形符号输出端的逻辑式，得到

$$Y=\overline{\overline{AB}\cdot\overline{\overline{A}B}}=\overline{A}\,\overline{B}+AB$$

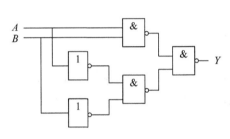

图 1-8　例 1.4 的逻辑图

1.2.6　逻辑函数的化简

一个逻辑函数可能有多种不同的表达式，表达式越简单，则与之相对应的逻辑图越简单。逻辑函数表达式不同，其最简标准也不相同。下面以最常用的与或表达式为例，介绍有关化简的标准。与或表达式是否为最简表达式的判定标准有两条：

（1）表达式中所含与项的个数最少。

（2）每个与项中变量最少。

逻辑函数的化简方法有公式化简法和卡诺图化简法两种。

一、公式化简法

公式化简法就是利用逻辑代数的基本公式和定律对逻辑函数进行化简，具体归纳为以下几种方法。

1. 并项法

并项法就是根据公式 $AB+A\overline{B}=A$，将两项合并为一项，消去一对互为反变量的因子。例如：

$$Y=A\,\overline{B}+\overline{A}\,\overline{B}+ACD+\overline{A}CD=\overline{B}+CD$$

2. 吸收法

吸收法就是根据公式 $A+AB=A$，吸收逻辑函数中的多余项。例如：

$$Y=\overline{B}+A\,\overline{B}+A\,\overline{B}CD=\overline{B}+A\,\overline{B}=\overline{B}$$

3. 消项法

消项法就是根据公式 $AB+\overline{A}C+BC=AB+\overline{A}C$，消去逻辑函数中的多余项。例如：

$$Y=AB+\overline{A}CD+BCDE=AB+\overline{A}CD$$

4. 消因子法

消因子法就是利用公式 $A+\overline{A}B=A+B$，消去逻辑函数中各项的多余因子。例如：

$$Y=AC+\overline{A}D+\overline{C}D=AC+(\overline{A}+\overline{C})D=AC+\overline{AC}D=AC+D$$

5. 配项法

配项法就是利用互补律 $A+\overline{A}=1$，将函数式中的某一项乘以 $(A+\overline{A})$ 后拆分成两项，再与其他项合并，或者利用重叠律 $A+A=A$，在逻辑函数式中重新写入某一项，再与其他项合并。例如：

$$
\begin{aligned}
Y_1 &= \overline{A}B\,\overline{C}+\overline{A}BC+ABC\\
&= (\overline{A}B\,\overline{C}+\overline{A}BC)+(\overline{A}BC+ABC)\\
&= \overline{A}B(\overline{C}+C)+BC(\overline{A}+A)\\
&= \overline{A}B+BC
\end{aligned}
$$

$$
\begin{aligned}
Y_2 &= A\overline{B}+\overline{A}B+B\overline{C}+\overline{B}C\\
&= A\overline{B}+\overline{A}B(C+\overline{C})+B\overline{C}+(A+\overline{A})\overline{B}C\\
&= A\overline{B}+\overline{A}BC+\overline{A}B\overline{C}+B\overline{C}+A\overline{B}C+\overline{A}\overline{B}C\\
&= (A\overline{B}+A\overline{B}C)+(\overline{A}B\overline{C}+B\overline{C})+(\overline{A}BC+\overline{A}\overline{B}C)\\
&= A\overline{B}+B\overline{C}+\overline{A}C
\end{aligned}
$$

在化简复杂的逻辑函数时，往往需要灵活、交替地综合运用上述方法，才能得到最后的化简结果。

二、卡诺图化简法

1. 逻辑函数的最小项

在 n 个变量的逻辑函数中，若 m 为包含 n 个变量的乘积项，而且这 n 个变量均以原变量或反变量的形式在 m 中出现且仅出现一次，则称 m 为该组变量的一个最小项。

例如：A、B、C 三个变量的最小项有 $\overline{A}\overline{B}\overline{C}$、$\overline{A}\overline{B}C$、$\overline{A}B\overline{C}$、$\overline{A}BC$、$A\overline{B}\overline{C}$、$A\overline{B}C$、$AB\overline{C}$、$ABC$ 共 8 个（即 2^3 个）最小项（如表 1-11 所示），可见，n 个变量的最小项共有 2^n 个。

表 1-11　三个变量逻辑函数的最小项

ABC	最小项	简记符号	ABC	最小项	简记符号
000	$\overline{A}\overline{B}\overline{C}$	m_0	100	$A\overline{B}\overline{C}$	m_4
001	$\overline{A}\overline{B}C$	m_1	101	$A\overline{B}C$	m_5
010	$\overline{A}B\overline{C}$	m_2	110	$AB\overline{C}$	m_6
011	$\overline{A}BC$	m_3	111	ABC	m_7

表 1-11 中，m_0，m_1，$\cdots$，m_7 为最小项的简记符号。

对于任意一个最小项，只有一组变量使它的值为 1，而变量的其他取值组合都使它为 0。任一逻辑函数都可以表示成唯一的一组最小项之和，即逻辑函数的最小项表达式。例如，给定逻辑函数：

$$Y(A,B,C)=\overline{A}\,\overline{B}+\overline{A}B\overline{C}+BC$$

则可化简为最小项表达式，即

$$\begin{aligned}Y(A,B,C)&=\overline{A}\,\overline{B}(\overline{C}+C)+\overline{A}B\overline{C}+(\overline{A}+A)BC\\&=\overline{A}\,\overline{B}\,\overline{C}+\overline{A}\,\overline{B}C+\overline{A}B\overline{C}+\overline{A}BC+ABC\\&=m_0+m_1+m_2+m_3+m_7\\&=\sum_i m_i(i=0,1,2,3,7)\end{aligned}$$

有时也简写为 $\sum m(0,1,2,3,7)$ 或 $\sum(0,1,2,3,7)$ 的形式。

在逻辑函数的真值表中，输入变量的每一种组合都和一个最小项相对应，这种真值表也称为最小项真值表。

2. 表示最小项的卡诺图

卡诺图也称为最小项方格图，是将最小项按一定规则排列成的方格阵列。将 n 变量的全部最小项各用一个小方格表示，并使具有逻辑相邻性的最小项在几何位置上也相邻地排列起来，所得到的图形叫做 n 变量最小项的卡诺图。

图 1-9 中给出了二到五变量最小项的卡诺图。其方格上方和左方是对应输入变量取值的组合，方格内是对应的最小项。

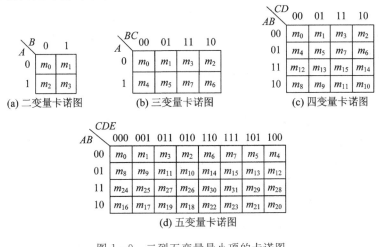

图 1-9　二到五变量最小项的卡诺图

所谓逻辑相邻，是指两个小方格所填入的最小项中只有一个因子是互为反变量的，其余变量均相同，如图 1-9 所示。在卡诺图中的相邻关系除了直观上的相邻外，还包括最上边的小方格和最下边的小方格相邻，最左边的小方格和最右边的小方格相邻，其相当于将一个圆球分为小方格后再展开成卡诺图。

3. 逻辑函数的卡诺图表示法

既然任何一个逻辑函数都能表示为若干最小项之和的形式，那么自然也就可以用卡诺图来表示任何一个逻辑函数。具体方法是：先将逻辑函数化为最小项之和的形式，然后在卡诺图上将与这些最小项对应的小方格内填入 1，在其余位置上填入 0（有时为了简化，只填 1，不填 0），就得到了表示该逻辑函数的卡诺图。也就是说，任何一个逻辑函数都等于它的卡诺图中填入 1 的那些最小项之和。

例 1.5　用卡诺图表示逻辑函数 $Y=\overline{A}\overline{B}CD+\overline{A}B\,\overline{D}+ACD+A\overline{B}$。

解　首先将 Y 化为最小项之和的形式：

$$Y=\overline{A}\overline{B}CD+\overline{A}B\overline{D}(C+\overline{C})+ACD(B+\overline{B})+A\overline{B}(C+\overline{C})(D+\overline{D})$$

$$=\overline{A}\overline{B}CD+\overline{A}BCD+\overline{A}BC\overline{D}+ABCD+A\overline{B}CD+A\overline{B}C\overline{D}+A\overline{B}\overline{C}D+A\overline{B}\overline{C}\overline{D}$$

$$=m_1+m_4+m_6+m_8+m_9+m_{10}+m_{11}+m_{15}$$

对应的卡诺图如图 1-10 所示。

$\dfrac{CD}{AB}$	00	01	11	10
00	0	1	0	0
01	1	0	0	1
11	0	0	1	0
10	1	1	1	0

图 1-10　例 1.5 题的卡诺图

4. 逻辑函数的卡诺图化简法

(1) 化简依据。

利用公式 $AB+A\overline{B}=A$ 将两个最小项合并，消去不同的变量。

(2) 合并最小项的规律。

利用卡诺图合并最小项有圈 0 得到反函数和圈 1 得到原函数两种方法，通常采用圈 1 的方法。只有满足 2^n($n=0,1,2,3,\cdots$)个最小项相邻并排成一个矩形组时，才能合并。

(3) 合并规则。

合并规则是消去不同因子，保留相同因子。

两个相邻项可合并为一项，消去一对互为反变量的因子，保留相同因子。

四个相邻项可合并为一项，消去两对互为反变量的因子，保留相同因子。

八个相邻项可合并为一项，消去三对互为反变量的因子，保留相同因子。

以此类推，2^n($n=1,2,3,\cdots$)个最小项相邻，并排成一个矩形组，可合并为一项，消去 n 对互为反变量的因子，结果中只保留相同因子。

下面通过例题具体说明利用卡诺图化简逻辑函数的方法。

例 1.6　化简图 1-11(a)中卡诺图表示的逻辑函数。

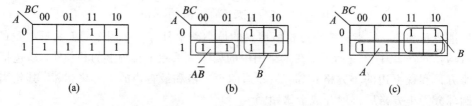

(a)　　　　　　　(b)　　　　　　　(c)

图 1-11　例 1.6 题的卡诺图

解　合并最小项的方法有多种，如图 1-11(b)将相邻两个小方格画包围圈读出，即 $A\overline{B}$，将四个小方格画包围圈读出，即 B，得 $Y=A\overline{B}+B$ 不是最简形式；如图 1-11(c)中将两组四个小方格画包围圈分别读出，即 A、B，得最简形式 $Y=A+B$。因此应尽可能多地将相邻的 1 圈起来，只要符合 2^n 个 1 相邻即可，所以图 1-11(c)的圈法最合理，故 $Y=A+B$。

例 1.7　化简逻辑函数 $Y=\overline{A}B\overline{C}D+A\overline{C}D+AC+\overline{A}C$。

解　给定与或表达式，尽管不全是最小项，也可直接填入卡诺图，如图 1-12(a) 所示。画 1 包围圈，得最简与或表达式：

$$Y=C+A\overline{D}+\overline{B}\overline{D}$$

本例由于 0 的方格数少，也可以按圈 0 的化简步骤，在图 1-12(b) 中画 0 包围圈，得到逻辑函数的反函数表达式：

$$\overline{Y}=\overline{C}D+\overline{A}B\,\overline{C}$$

则

$$Y=\overline{\overline{C}D+\overline{A}B\,\overline{C}}=(C+\overline{D})(A+\overline{B}+C)$$
$$=AC+A\overline{D}+\overline{B}C+\overline{B}\overline{D}+C\overline{D}+C$$
$$=C+A\overline{D}+\overline{B}\overline{D}$$

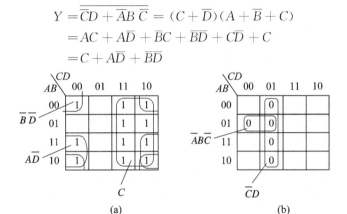

图 1-12　例 1.7 题的卡诺图

(4) 化简步骤。

通过上述分析，可以归纳出用卡诺图化简逻辑函数的具体步骤如下：

(1) 将函数化为最小项之和的形式。

(2) 画出表示该逻辑函数的卡诺图。

(3) 按相邻性原则找出可以合并的最小项，画包围圈。包围圈中 1 的个数尽可能地多，但必须等于 2^n 个。

(4) 根据合并规则读出每个包围圈的乘积项，将所有包围圈的乘积项写成与或表达式，即得最简逻辑函数式。

注意： 每画一个包围圈必须加入新的最小项(即未被其他包围圈包围过的最小项)，否则，该圈就是多余的。

5. 具有无关项的逻辑函数的化简

1) 逻辑函数中的无关项

在实际逻辑问题中，经常会遇到这样一种情况，即对输入变量的取值有所限制。我们将对输入变量的取值所加的限制称为约束。在约束条件下，把变量组合取值恒等于 0 的那些最小项称为约束项。

例如，有三个逻辑变量 A、B、C，分别表示一台电动机的正转、反转和停止命令：$A=1$ 表示正转，$B=1$ 表示反转，$C=1$ 表示停止。因为电动机任何时候只能执行一个命令，所以不允许两个以上的变量同时为 1，即 ABC 的取值只能出现 001、010 和 100，而且不能出现 000、011、101、110、111 中的任何一种。因此，A、B、C 是一组具有约束条件的变量。

上述约束条件可以表示为

$$\overline{A}\,\overline{B}\,\overline{C}=0,\ \overline{A}BC=0,\ A\overline{B}C=0,\ AB\overline{C}=0,\ ABC=0$$

或写成

$$\overline{A}\,\overline{B}\,\overline{C}+\overline{A}BC+A\overline{B}C+AB\overline{C}+ABC=0$$

$$\sum d(0,\ 3,\ 5,\ 6,\ 7)=0$$

表示电动机运行情况的逻辑函数式可以写为

$$Y=\overline{A}\,\overline{B}C+\overline{A}B\overline{C}+A\overline{B}\,\overline{C},\ 约束条件为\sum d(0,\ 3,\ 5,\ 6,\ 7)=0$$

或者

$$Y(A,\ B,\ C)=\sum m(1,\ 2,\ 4)+\sum d(0,\ 3,\ 5,\ 6,\ 7)$$

有时还会遇到另外一种情况，即在输入变量的某些取值下函数值为 1 或者 0 皆可。例如，用四位 8421BCD 码表示十进制数时只取前 10 个代码，而后 6 个代码在函数式中并不出现，即变量 A、B、C、D 的取值为后 6 个代码时，函数值既可以等于 1 也可以等于 0。我们把函数在这些取值下既可以等于 1 也可以等于 0 的这些最小项称为任意项。

由于约束项的取值恒等于 0，所以约束项可以将其写进函数式中，也可以删去，不影响函数的取值；同样，由于任意项在系统中并不出现，将其写进函数式也不影响函数的取值。我们把约束项和任意项统称为无关项，这里所说的"无关"是指是否把这些最小项写入逻辑函数无关紧要，可以写入也可以删除。在卡诺图或真值表中用×表示无关项。

2) 具有无关项的逻辑函数的化简

具有无关项的逻辑函数，在化简时究竟将无关项看成 1 还是 0，原则上应以得到的相邻最小项矩形组合最大，而且矩形组合数目最少为准。

例 1.8 化简逻辑函数 $Y=\overline{A}\,\overline{B}\,\overline{C}D+\overline{A}BCD+A\overline{B}\,\overline{C}D$，其约束条件为

$$\overline{A}BC D+\overline{A}\,\overline{B}\,\overline{C}D+AB\overline{C}D+A\overline{B}\,\overline{C}D+ABCD+ABC\overline{D}+A\overline{B}C\overline{D}=0$$

解 应用卡诺图化简，可以直观地看出应该使用哪些无关项。画出的卡诺图如图 1-13 所示，从图中不难看出，为了得到最大的包围圈，应取约束项 m_3、m_5 为 1，与 m_1、m_7 组成一个包围圈；取 m_{10}、m_{12}、m_{14} 为 1，与 m_8 组成一个包围圈。将两组相邻的最小项合并后得到的化简结果为 $Y=\overline{A}D+A\overline{D}$。卡诺图中未使用的约束项 m_9、m_{15} 为 0。

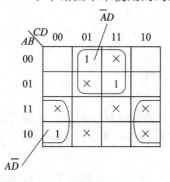

图 1-13 例 1.8 题的卡诺图

例 1.9 化简逻辑函数：

$$Y(A,\ B,\ C,\ D)=\sum m(2,\ 4,\ 6,\ 8)+\sum d(10,\ 11,\ 12,\ 13,\ 14,\ 15)$$

解　画出的卡诺图如图 1 - 14 所示。若认为约束项 m_{10}、m_{12}、m_{14} 为 1，而其他约束项为 0，则可圈出三个包围圈，如图 1 - 14 所示，其化简结果为

$$Y = B\overline{D} + A\overline{D} + C\overline{D}$$

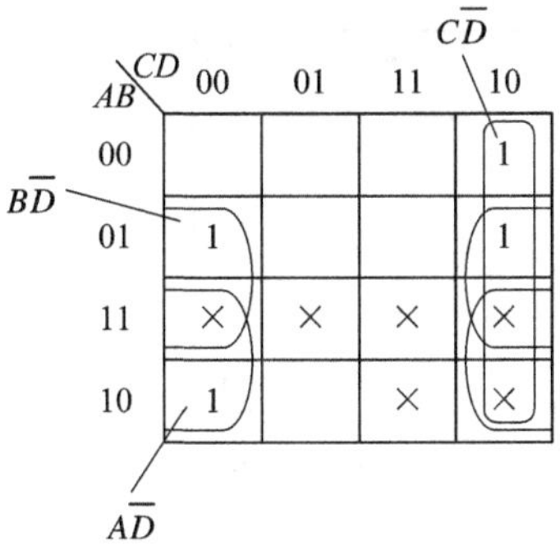

图 1 - 14　例 1.9 题的卡诺图

具有无关项的逻辑函数在化简时，应注意以下两点：

(1) 每个包围圈中必须至少包含一个有用项。

(2) 每画一个包围圈必须加入新的有用项。

1.2.7　集成门电路

门电路是数字逻辑电路的基本单元，用来实现逻辑运算。门电路是一种开关电路，只有当输入信号满足某一特定关系时，才有有效信号输出。就像是满足一定条件时自动打开门闸一样，能有效控制信号的通过，因此称为门电路。

门电路可以由分立元件构成，也可以制造成集成门电路。由于集成门电路可靠性高，且目前广泛使用的是集成门电路，因此本项目只介绍集成门电路。

集成门电路按所用器件的不同可分为双极型门电路和单极型门电路。TTL 集成门电路和 COMS 集成门电路分别是双极型门电路和单极型门电路的代表。

1. TTL 集成门电路

TTL(Transistor-Transistor Logic)集成门电路是双极型半导体集成电路的一种，由于它的输入端和输出端结构都采用晶体管，所以又称为晶体管-晶体管逻辑集成电路。

1) TTL 集成门电路的主要系列

按照国际通用标准，依据工作温度不同，TTL 集成门电路分为 TTL54 系列（−55 ℃～125 ℃）和 TTL74 系列（0 ℃～70 ℃）。每一系列按工作速度、功耗的不同，又分为标准系列、H 系列、S 系列、LS 系列和 ALS 系列等。

2) TTL 与非门

在 TTL 集成门电路中，与非门是基础，虽然集成门电路的种类很多，但大部分是由与非门稍加改动得到的，或者是由与非门的若干部分组合而成的，因此这里重点介绍与非门。

(1) TTL 与非门。

以 74LS00(7400)为例，其引线排布如图 1 - 15 所示，它也称为四二输入与非门（即内部有四个二输入的与非门）。图 1 - 16 所示为与非门的逻辑符号，总的限定符号"&"表示与

单元，输出限定符号 ⎡‾‾‾⎤ 表示逻辑非。

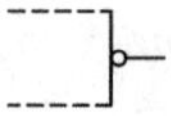

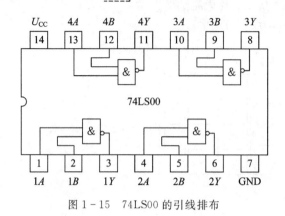

图 1-15　74LS00 的引线排布

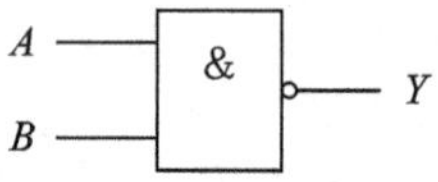

图 1-16　与非门的逻辑符号

（2）TTL 与非门的电压传输特性。

门电路的基本特性是输入/输出特性，一般用电压传输特性来表示。如图 1-17 所示为几种 TTL 与非门的电压传输特性曲线图。

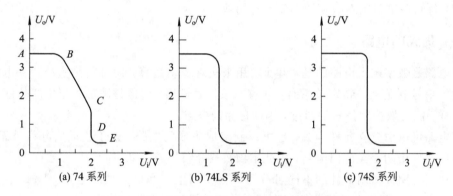

(a) 74 系列　　　(b) 74LS 系列　　　(c) 74S 系列

图 1-17　TTL 与非门的电压传输特性曲线图

图 1-17(a) 所示为 74 系列与非门的电压传输特性曲线图，其中 AB 段为截止区，当输入电压较低时，门电路截止，输出高电平（$U_{oH} \approx 3.5$ V）。随着输入电压上升，进入 BC 段，BC 段为线性区；输入电压再上升，进入 CD 段，输出电压迅速下降，CD 段为转折区；输入电压进一步上升，进入 DE 段，该段为饱和区，门电路饱和导通，输出低电平（$U_{oL} \approx 0.3$ V）。通常将 CD 区域中 U_i（输入电压）$=U_o$（输出电压）这一点称为"门限值"或"阈值电压"（Threshold Voltage），记为 U_{TH}，这里，$U_{TH} \approx 1.4$ V。在分析逻辑电路时，通常将 U_{TH} 作为门电路导通与截止的分水岭。

门电路饱和时，电荷会积累。退饱和时，电荷的消散需要时间，这会影响门电路的开关速度。为了加快速度，可在电路中增加有源泄放回路（如 74H 系列）使门电路处于浅饱和状态。74S 系列和 74LS 系列 TTL 门电路采用了抗饱和的肖特基势垒半导体管，电路的开关特性明显改善，从图 1-17(b)、(c) 中可看出，特性曲线中消除了线性区，尤其是 74S 系列的开关特性更接近于理想开关，但 74LS 系列功耗比 74S 系列功耗小很多。速度与功耗都是门电路的重要参数，TTL 门电路各系列的速度与功能参数对比如表 1-12 所示。

表 1 - 12　　TTL 门电路各系列的速度与功能参数对比

性能 ＼ 型号	54/74	54S/74S	54LS/74LS	54AS/74AS	54ALS/74ALS
平均传输延迟时间/ms/门	10	3	9.5	1.5	4
平均功耗/mw/门	10	19	2	19	1

3）TTL 与非门的输出延迟时间。

由于电荷积累以及分布电容的存在，TTL 与非门在信号传输过程中会产生一定的延迟时间，如图 1 - 18 所示。

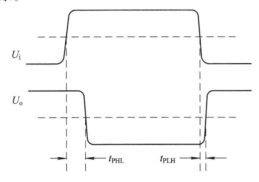

图 1 - 18　TTL 与非门电路延迟时间

当输入 U_i 由低电平变为高电平时，输出 U_o 由高电平变为低电平。将输入波形上升沿的 50% 与输出波形下降沿的 50% 之间的时间称为导通延迟时间 t_{PHL}；同样，输入波形下降沿的 50% 与输出波形上升沿的 50% 之间的时间称为截止延迟时间 t_{PLH}。导通延迟时间与截止延迟时间的平均值为平均延迟时间 t_{pd}，即

$$t_{pd} = \frac{(t_{PLH} + t_{PLH})}{2}$$

平均延迟时间是决定门电路开关速度的重要参数。平均延迟时间的存在，限制了门电路的最高工作频率。

2. 其他功能的 TTL 门电路

常用的其他功能的 TTL 门电路主要有非门（反相器）、与门、或非门、或门、异或门、同或门、与或非门等，前六种门的逻辑符号在前面已做介绍，这里不再赘述。与或非门的逻辑组合及逻辑符号如图 1 - 19 所示，其逻辑功能为 $Y = \overline{AB + CD}$。

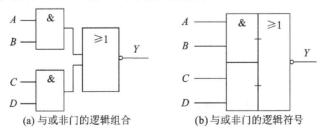

(a) 与或非门的逻辑组合　　　　　　(b) 与或非门的逻辑符号

图 1 - 19　与或非门

在图 1 - 19(b) 中，两个与门是邻接的。当邻接元件的总的限定符号相同时，只需在第

一个框内显示出总的限定符号。如果邻接元件框内输入、输出限定符号都相同，则只需在第一个方框内标示。途中与信息流动方向垂直的公共线上的短横线，称为内部连接符号，标示组合在一起的右边元件输入端的内部逻辑状态与左边元件输出端的内部逻辑状态相同，这个短横线有时可以省略。

元件的邻接，在数字电路逻辑符号中是非常常见的。以 74LS04 六非门电路为例，图 1-20 所示为其引脚图和图形符号。

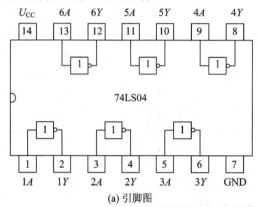
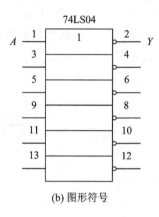

(a) 引脚图   (b) 图形符号

图 1-20　74LS04 六非门

3. 三态门

三态门与前面介绍的门电路不同，三态门的输出除了"1"状态、"0"状态（高电平、低电平）之外，还有第三种状态——高阻态。高阻态并不表示逻辑意义上的第三种状态，它只表示当门电路的输出阻抗非常大时，输入与输出之间可以视为开路，即对外电路不起任何作用。在数字电路中，三态门是一种特别实用的门电路，尤其是在计算机电路中得到了广泛应用。现以三态非门为例作介绍，其逻辑符号如图 1-21 所示。

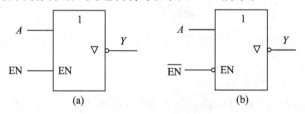

(a)   (b)

图 1-21　三态非门的逻辑符号

在图 1-21(a)中，内部限定符号"EN"为使能控制，EN=1 表示允许动作，EN=0 表示禁止动作。当 EN=1 时，$Y=\overline{A}$，相当于非门；而当 EN=0 时，输出为高阻态，相当于输出端开路。在图 1-21(b)中，使能控制端低电平有效，$\overline{EN}=0$ 时，内部 EN=1，$Y=\overline{A}$，相当于非门；而当 $\overline{EN}=1$ 时，内部 EN=0，输出为高阻态。

4. 集电极开路门（OC 门）

OC 门也是一种特殊的门电路，现以集电极开路与非门为例作介绍。集电极开路与非门的输出级集电极内部开路，如图 1-22(a)所示，其逻辑符号如图 1-22(b)所示。实际使用中，这种电路只有带上上拉负载及电源 U_{CC} 才能工作，注意负载电源一般不一定是 5 V，可以高于 5 V，多数可工作在 12 V～15 V，个别型号的可以工作在更高电压下，这样就可以实现电平转换，带一些特殊的负载，如小型的继电器(工作电压一般是 12 V 或 24 V)。

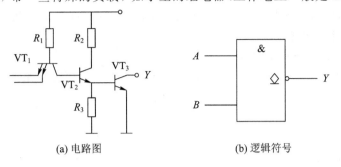

(a) 电路图　　　　　　　　　(b) 逻辑符号

图 1-22　集电极开路与非门

OC 门的逻辑功能与普通门电路相同，当 $AB=1$ 时，输出管 VT_3 饱和，输出为低电平 (0.3 V)，$Y=0$；而当 $AB=0$ 时，输出管 VT_3 截止，实际上门电路已与外围电路"脱离"，输出为所加的 U_{CC}。

注意：OC 门不是按功能分类的，只是电路的输出结构不同，在接法上与前面介绍的门电路有区别。OC 门除了实现电平转换以外，还可以实现输出并联，如图 1-23 所示是将两个 OC 与非门输出并联，这种接法称为"线与"，即将几个 OC 门的输出端直接连接，完成各OC 门输出相与的逻辑功能。

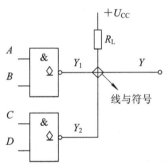

图 1-23　OC 门"线与"的接法

图 1-23 所实现的逻辑功能是：

$$Y=Y_1 \cdot Y_2 = \overline{AB} \cdot \overline{CD} = \overline{AB+CD}$$

OC 门的输出端还可以直接驱动负载，如继电器、LED 等元件，如图 1-24 所示。外接电源 U_{CC} 可以根据需要选择，而一般的 TTL 门电路不允许直接驱动高于 5 V 的负载，以免损坏门电路。

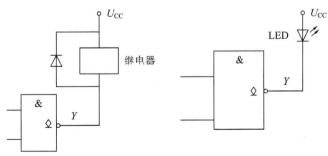

图 1-24　OC 作为驱动电路

二、CMOS 集成门电路

CMOS(N 沟道 MOS 与 P 沟道 MOS 构成互补,Complementary)集成门电路具有非常低的静态功耗和很高的输入阻抗。

1. CMOS 集成门电路的主要系列

(1) 4000B 系列。4000B 系列是国际上 COMS 流行的通用标准系列,与 LS - TTL 系列并列为 20 世纪 80 年代数字 IC 系列产品的代表。一般来说,其速度较低、功耗小,并且价格低、品种多。

(2) 74HC 系列(简称 HS 或 H - CMOS 等)。74HC 系列是具有 CMOS 低功耗和 LS - TTL 高速性的产品。其引脚与 TTL 类相容,74HC 系列中有少数品种属于 4000B 系列中的高速版品种,其引脚与相应 4000B 品种(其型号是 74HC 后 4 位序号同 4××××B 的数字)的引脚相容。

2. CMOS 集成门电路的电压传输特性

1) CMOS 非门的工作原理

下面以 CMOS 反相器为例,介绍其工作原理,如图 1 - 25 所示。

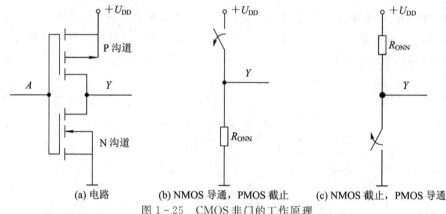

(a) 电路　　　(b) NMOS 导通,PMOS 截止　　　(c) NMOS 截止,PMOS 导通

图 1 - 25　CMOS 非门的工作原理

如图 1 - 25(a)所示为增强型 NMOS 管和 PMOS 管组成的 CMOS 反相电路,电源电压为 U_{DD},要求 $U_{DD} > U_{TN} + U_{TP}$(U_{TN}、U_{TP} 分别为 NMOS 管和 PMOS 管的开启电压)。

当 $A = 1$ 时,NMOS 导通,PMOS 截止,输出 $Y = 0$($U_Y \approx 0$),如图 1 - 25(b)所示。

当 $A = 0$ 时,NMOS 截止,PMOS 导通,输出 $Y = 1$($U_Y \approx U_{DD}$),如图 1 - 25(c)所示。

2) 74HC 系列 CMOS 非门的输入/输出特性

以 74HC 系列 CMOS 非门为例,其输入/输出特性如图 1 - 26 所示。

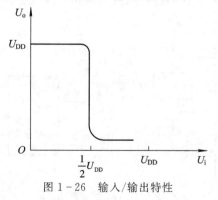

图 1 - 26　输入/输出特性

从图 1-26 所示的输入/输出特性可见，过渡非常窄小，其特性接近理想开关。应当注意，与 TTL 门电路不同，阈值电压 U_{TC}(U_{TH})随电源 U_{DD} 变化，$U_{TC} \approx 1/2 U_{DD}$。如图 1-27 所示的 74HC04 六非门，与图 1-20 对照，其引脚与 74LS04(7404)相兼容。

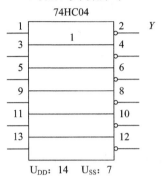

图 1-27　74HC04 六非门

3．CMOS 集成门电路的主要特点

CMOS 集成门电路的主要特点如下：

（1）具有非常低的静态功耗。在电源电压为 5 V 时，中规模集成门电路的静态功耗小于 100 mW，单个门电路的静态功耗典型值为 20 mW，动态功耗（在 1 MHz 工作频率时）也仅为几毫瓦。

（2）具有非常高的输入阻抗。正常工作的 CMOS 集成门电路，其输入保护二极管处于反偏状态，直流输入阻抗大于 100 MΩ。

（3）具有较宽的电源电压范围。CMOS 集成门电路标准 4000B/4500B 系列产品的电源电压为 3 V～18 V。

（4）扇出能力强。在低频工作时，一个输出端可以驱动 50 个以上 CMOS 器件的输入端。

（5）抗干扰能力强。CMOS 集成门电路的电压噪音容限可达电源电压的 45%，且高电平和低电平的噪声容限值基本相同。

（6）逻辑摆幅大。CMOS 集成门电路在空载时，输出高电平 $U_{oH} \geqslant (U_{DD} - 0.05\text{ V})$，输出低电平 $U_{oL} \leqslant 0.05$ V。CMOS 集成门电路的电压利用系数在各类集成门电路中是较高的。

（7）接口方便。因为 CMOS 集成门电路的输入阻抗和输出摆幅大，所以易于被其他电路所驱动，也容易驱动其他类型的电路或器件。

三、集成门电路的使用

1．工作电源电压范围

TTL 类型的逻辑器件，其标准工作电压是 +5 V。CMOS 逻辑器件的工作电源电压大都有较宽的允许范围，如 CMOS 集成门电路中的 4000B 系列可以工作在 3 V～18 V 范围内。

各类常用逻辑器件的工作电压范围如表 1-13 所示。在同一系列中相互连接工作的器件必须使用同一电压电源，否则就可能不满足"0"、"1"(或"L"、"H")电平的定义，使电路不能正常工作。

表 1-13　各类常用逻辑器件的工作电压范围

系　列	工作电压范围	备　注
4000B	3 V～18 V	按 3V～20 V 考核
40H	2 V～8 V	
74HC	2 V～6 V	按 2 V～10 V 考核
74LS、74S、74F	5(1±5%) V	
74ALS、74AS	5(1±10%) V	

2. TTL 门电路与 CMOS 门电路的接口

两个系列的门电路在同一系统中使用，若二者的工作电源电压不同，输入电平、输出电平有所不同，因而需要电平转换。

1) TTL 门电路驱动 CMOS 门电路

若选择相同的工作电源电压(+5 V)，则二者之间可以直接连接。但由于 TTL 门电路的输出高电平为 2.4 V～3.6 V，而 CMOS 门电路的输入高电平最小也要 3.5 V，高电平不匹配，因此要在 TTL 输出端和电源之间接一个电阻 R_1(3 kΩ)以提升 TTL 的输出高电平。

若 U_{DD} 高于 U_{CC}(+5 V)，可采用以上同样的电路形式，TTL 门电路也可采用 OC 门电路，并选择一个合适的上拉电阻 R_1 接到 CMOS 门电路的电源 U_{DD} 即可，电路如图 1-28 所示。

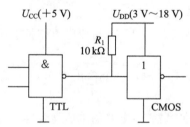

图 1-28　TTL 门电路驱动 CMOS 门电路

2) CMOS 门电路驱动 TTL 门电路

若 $U_{DD}=U_{CC}=+5$ V，虽然 CMOS 门电路驱动的电流不大，但是直接驱动一个 TTL 门电路还是没有问题的，若驱动 TTL 门电路太多或负载较重，就要采用专用缓冲驱动器，如 CC4050 能直接驱动两个 TTL 门电路，或采用漏极开路(OD)门电路来驱动，电路如图 1-29 所示。关于这方面的详细内容，读者可参考有关书籍。

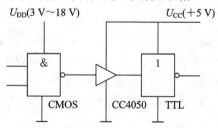

图 1-29　CMOS 门电路驱动 TTL 门电路

3．集成逻辑门在使用中应注意的问题

1）多余输入端的处理

在使用集成门电路时，如果输入信号个数少于门的输入端子数，就有多余的输入端。对于多余输入端的处理，以不改变电路工作状态、电路工作可靠性、接线简单等方面综合考虑为原则。

对于 TTL 与门和与非门，多余端可以直接或通过 1 kΩ 电阻接 $+U_{cc}$，也可以并联到有用端，在确保多余端不会被干扰的情况下，为了电路简单，也可以悬空（此时认为输入端接了一个∞的电阻，认为该端子输入为高电平）。

对于 TTL 或门和或非门，多余端应该接地或并联到有用端上。

对于 CMOS 与门和与非门，多余端只能通过较大的电阻（至少 10 kΩ）接 $+U_{DD}$（输入过流保护），不允许悬空（以防止静电损坏），也不允许与有用端并联（并联使电容效应增大）。

对于 CMOS 或门和或非门，多余端只能通过较大的电阻接地，这样，该端子的输入电平认为是低电平。

对于其他门电路可以参照以上原则进行处理。

2）电源

数字电路的各种门电路对电源电压的要求是不同的。对于 TTL 门电路，电源电压为 $U_{cc} = +5$ V；对于 CMOS 门电路，电源电压范围比较宽，U_{DD} 可在 3 V～18 V 之间取值。

具体使用时切记不能把电源极性接错。

1.3　项　目　实　施

1.3.1　集成门电路逻辑功能测试训练

一、训练目的

（1）掌握门电路逻辑功能的测试方法。

（2）了解集成逻辑门电路的外形及引脚排列。

（3）初步掌握数字电路实验仪器的使用方法。

二、训练说明

组成数字逻辑电路的基本单元有两大部分，一部分是门电路，另一部分是触发器。门电路实际上是一种条件开关电路，只有在输入信号满足一定逻辑条件时，开关电路才允许信号通过，否则信号就不被允许通过，即门电路的输出信号与输入信号之间存在着一定的逻辑关系，故又称之为逻辑门电路。

下面通过测试 74LS04、74LS02、74LS86 和 74LS00 等几种集成门电路的逻辑功能，来掌握常用门电路逻辑功能的测试方法。

三、训练内容及步骤

1．电平开关和电平显示器的使用与检测

首先给电平显示器连接 +5 V 电源，然后用连接导线把某个逻辑电平开关（如 S_1）分别与电平显示器 $L_1 \sim L_{16}$ 依次连接，观察每个电平显示器的发光情况；再用连接导线把某个逻辑电平显示器（如 L_1）依次与 $S_1 \sim S_{16}$ 相连接，并上下拨动电平开关，观察电平显示器的发光情况，将有问题的电平开关及电平显示器记录下来，并报告教师进行处理。

2. 测试常用门电路的逻辑功能

门电路逻辑功能测试电路如图 1-30 所示，首先给被测门电路接通 +5 V 电源，被测门电路（取器件中的一个门进行测试）的输入端接逻辑电平开关，输出端接逻辑电平显示器，按表 1-14 的要求改变输入端的电平状态，将输出结果记入表 1-14 中，并根据输出结果总结其逻辑功能。

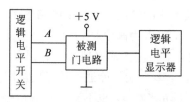

图 1-30 门电路逻辑功能测试电路

表 1-14 门电路逻辑功能测试表

输入 A B	74LS04 输出		74LS02 输出		74LS86 输出		74LS00 输出	
	电平	电压	电平	电压	电平	电压	电平	电压
0 0								
0 1								
1 0								
1 1								
逻辑表达式	$Y_1 =$（只看 A）		$Y_2 =$		$Y_3 =$		$Y_4 =$	

3. 观察与非门的开关控制作用

将被测与非门的 A 端接通连续方波信号（$f=1$ kHz，$U_P=3$ V），在 B 端分别接"0"和"1"时，用示波器观察并记录其输出波形，并画于图 1-31 中的对应位置。

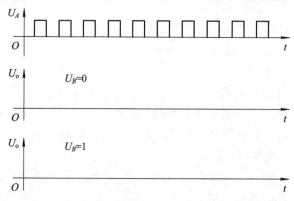

图 1-31 与非门对信号的开关控制作用

1.3.2 项目操作指导

一、元器件检测

根据 1.3.1 节中常用门电路逻辑功能的测试方法对 74LS00 进行测试，用万用表对三极管、二极管、电阻等元件分别进行测试。

二、电路装配与调试

1. 电路装配

根据图 1-1，将检验合格的元器件按布线规则安装在万能电路板上，就可以按以下步骤进行调试。

2. 电路调试

调试步骤如下：

(1) 仔细核对电路与元器件，正确无误后，接通电源(可用 2 节干电池代替)。

(2) 将测试探针与本测试笔地端(电源负极)相连，则绿色 LED 应该发光；将测试探针与电源正极相连，则红色 LED 应该发光；如果测试探针悬空，则黄色 LED 应该发光。

(3) 性能测试。按图 1-32 接线，用逻辑测试笔探测可调的电压，调节电位器 R_P 的阻值，使逻辑测试笔的红色 LED 刚好发光时，电压表显示值(记为 U_H)即为该逻辑测试笔高电平的起始值；继续调节电位器 R_P，减小 R_P 的阻值使逻辑测试笔的绿色 LED 刚好发光时，电压表显示的值(记为 U_L)即为该逻辑测试笔低电平的起始值。改变图 1-32 中 R_P 的阻值，分析是否可对上述起始值进行调整。

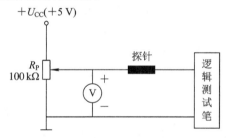

图 1-32　逻辑测试笔性能测试图

三、故障分析与排除

产生故障的原因主要有以下几个方面：

(1) 电路设计错误。

(2) 布线错误。

(3) 集成器件使用不当或功能失效。

(4) 芯片插座不正常或使用不当。

(5) 仪表有故障或使用不当。

(6) 干扰信号影响。

在图 1-1 所示的电路中，可以采用逻辑状态法，再辅以测量法或代替法便能很快地找到故障原因，并排除之。

所谓逻辑状态法是针对数字电路而言的，只需判断电路各部位的逻辑，即可确定电路是否正常。数字逻辑主要有高电平和低电平两种状态，因而可以使用逻辑测试笔进行测试。在无逻辑测试笔的情况下，可从左到右顺序测试一些关键点的电位。例如，通电后，在探针与地之间加入高电平，而指示高电平的红色 LED 不亮，此时，先测量 VT_1 的 e 极电位应为高电平，否则为 VT_1 或 VD_1 损坏。具体是哪个元件，可对怀疑的元件进行测量或用合格的同规格元件替换来确定。如果 VT_1 的 e 极电位正常，则 U1A 的输出电位应为低电平，否则为 U1A 失效，可用替代法证实。如果 U1A 的输出电位正常，则为红色 LED 损坏。当通电后，在探针与地之间加入低电平，而指示低电平的绿色 LED 不亮时，可采用上述类似方法进行检修。

1.4　项 目 总 结

数字信号是指在时间和幅值上都不连续，并取一定离散数值的信号。矩形脉冲是一种典型的数字信号。用于传输、处理数字信号的电子电路称为数字电路。模拟信号通过模/数转换器变成数字信号后，就可以用数字电路进行传输、处理。

数字电路按集成度的不同，可分为小规模数字集成电路、中规模数字集成电路、大规模数字集成电路和超大规模数字集成电路；按所用器件制作工艺的不同，可分为双极型（TTL 型）和单极型（CMOS 型）两类。

常用的数制有二进制、八进制、十进制和十六进制等。常用的二-十进制（BCD）码一般分为有权 BCD 码和无权 BCD 码两类。

逻辑函数遵循逻辑代数运算的法则。逻辑代数是一种适用于逻辑推理，研究逻辑关系的主要数学工具，凭借这个工具，可以把逻辑要求用简洁的数学形式表达出来，并进行逻辑电路设计。逻辑函数反映的不是量与量之间的数量关系，而是逻辑关系。逻辑函数中的自变量和因变量只有 1 和 0 两种状态。逻辑函数有多种表示方法，例如真值表、逻辑函数表达式、卡诺图等，各种表示方法之间可以相互转换，在逻辑电路分析和设计中经常会用到这些方法。

数字电路中最基本的逻辑关系有三种，即与逻辑、或逻辑和非逻辑，它们可由相应的与门、或门和非门来实现。与、或、非三种基本逻辑门电路是数字电路的基本单元，任何复杂逻辑电路系统都可以用与、或、非三种基本逻辑门电路组合构成，并以此为基础产生了与非、或非、与或非等复合逻辑门电路。

练习与提高 1

一、填空题

1. 数字电路主要研究电路的输出和输入之间的＿＿＿＿＿＿＿，故数字电路又称为＿＿＿＿电路。

2. 二进制只有＿＿＿＿和＿＿＿＿两种数码，计数基数是＿＿＿＿，进位关系是＿＿＿＿进一。

3. BCD 码是用＿＿＿＿位二进制数码来表示＿＿＿＿十进制数的。

4. 三种基本的逻辑关系是＿＿＿＿、＿＿＿＿和＿＿＿＿。

5. 产生某一结果的条件中只要有＿＿＿＿不具备，结果就不能发生；只有＿＿＿＿条件都具备时，结果才发生，这种逻辑关系是与逻辑关系。

6. 产生某一结果的条件中只要有＿＿＿＿具备，结果就发生；只有＿＿＿＿条件都不具备，结果就不发生，这种逻辑关系是或逻辑关系。

7. 决定某一结果的条件只要有＿＿＿＿具备，结果就不能发生；只有该条件不成立时，结果才发生，这种逻辑关系是_____逻辑关系。

8. 逻辑代数中的五种复合运算是_____、_____、_____、_____和_____。

9. 三种基本逻辑门电路是_____、_____和_____。

10. 集电极开路的与非门也称为_____，使用集电极开路的与非门时，其输出端应外接_____。

11. 三态门的输出端有_____、_____和_____三种状态。

12. CMOS 门电路比 TTL 门电路的集成程度_____、带负载能力_____、功耗_____。

二、判断题

1. 一个 n 位的二进制数，最高位的权是 2^{n-1}。　　　　　　　　　　　　　　（　　）

2. 8421BCD、2421BCD、5421BCD 码均属于有权码。　　　　　　　　　　　（　　）

3. BCD 码即 8421 码。　　　　　　　　　　　　　　　　　　　　　　　　（　　）

4. 在数字电路中，逻辑值 1 只表示高电平，0 只表示低电平。　　　　　　　（　　）

5. 因为 $A+AB=A$，所以 $AB=0$。　　　　　　　　　　　　　　　　　　　（　　）

6. 因为 $A(A+B)=A$，所以 $A+B=1$。　　　　　　　　　　　　　　　　　（　　）

7. 任何一个逻辑函数都可以表示成若干个最小项之和的形式。　　　　　　　（　　）

8. 真值表能反映逻辑函数最小项的所有取值。　　　　　　　　　　　　　　（　　）

9. 对于任何一个确定的逻辑函数，其函数表达式和逻辑图的形式是唯一的。（　　）

10. 几个集电极开路与非门的输出端直接并联可以实现线与功能。　　　　　（　　）

11. 与非门的输入端加低电平时，其输出端恒为高电平。　　　　　　　　　（　　）

12. 逻辑 0 只表示 0 V 电位，逻辑 1 只表示+5 V 电位。　　　　　　　　　（　　）

13. 高电平和低电平是一个相对的概念，它和某点的电位不是一回事。　　　（　　）

14. 把与门的所有输入端连接在一起，把或门所有输入端也连接在一起，所得到的两个门电路的输入、输出关系是一样的。　　　　　　　　　　　　　　　　　　　　　（　　）

三、选择题

1. 完成"有 0 出 0，全 1 出 1"的逻辑关系是_____。

A. 与　　　　　　　　　B. 或

2. 下列逻辑运算式成立的是_____。

A. $A+A=2A$　　　　　B. $A \cdot A=A^2$　　　　C. $A+A=1$　　　D. $A+1=1$

3. 一个确定的逻辑函数，其真值表的形式有_____。

A. 多种　　　　　　　　B. 一种

4. 一个确定的逻辑函数，其逻辑图的形式有_____。

A. 多种　　　　　　　　B. 一种

5. 开关电路中功耗最低的是_____。

A. 二极管　　　　　　　B. 三极管　　　　　　　C. MOS 管

6. 要使异或门输出端 Y 的状态为 0，A 端应该_____。

A. 接 B　　　　　　　　B. 接 0　　　　　　　　C. 接 1

7. 二输入或门输入之一作为控制端，接低电平，另一输入端作为数字信号输入端，则输出与另一输入是_____。

A. 相同　　　　　B. 相反　　　　　C. 高电平　　　　D. 低电平

8. 要使或门输出恒为1，可将或门的一个输入始终接_____。

A. 0　　　　　　B. 1　　　　　　C. 输入端并联　　D. 0、1 都可以

9. 要使与门输出恒为0，可将与门一个输入始终接_____。

A. 0　　　　　　B. 1　　　　　　C. 0、1 都可以　　D. 输入端并联

四、综合题

1. 举出在实际生活中所遇到的数字信号的 3～5 个例子及其相应的数字式实用装置。

2. 完成下列互换运算。

(1) $(11011101)_2 = ($　　　$)_{10} = ($　　　$)_8 = ($　　　$)_{16}$

(2) $(207)_8 = ($　　　$)_2 = ($　　　$)_{16} = ($　　　$)_{10}$

(3) $(A36)_{16} = ($　　　$)_2 = ($　　　$)_8 = ($　　　$)_{10}$

3. 完成下列逻辑运算。

(1) $1 + 0 + 0 \cdot 1$

(2) $\overline{1 \cdot 0} + \overline{1} \cdot 0 + 1 \cdot 1$

4. 将下列各函数式化成最小项表达式。

(1) $Y = \overline{A}BC + AC + \overline{B}C$

(2) $Y = A\overline{B}\overline{C}D + BCD + \overline{A}D$

(3) $Y = \overline{(A+\overline{B})(\overline{A}+C)AC + BC}$

5. 利用公式法化简下列逻辑函数。

(1) $Y = A\overline{B} + BD + DCE + \overline{A}D$

(2) $Y = \overline{A}\overline{B}\overline{C} + A + B + C$

(3) $Y = A(B+\overline{C}) + \overline{A}(\overline{B}+C) + BCDE + \overline{B}\overline{C}(D+E)F$

6. 用卡诺图化简下列逻辑函数。

(1) $Y(A, B, C) = B\overline{C} + \overline{A}\overline{B}C + A\overline{C} + A\overline{B}C$

(2) $Y(A, B, C, D) = \overline{A}\overline{C}D + \overline{A}B\overline{D} + ABD + A\overline{C}\overline{D}$

(3) $Y(A, B, C, D) = \sum m(0, 4, 6, 8, 10, 12, 14) + \sum d(2, 9)$

(4) $Y(A, B, C, D) = \sum m(3, 5, 7, 8, 9, 11, 13, 14, 15)$

(5) $Y(A, B, C) = \sum m(1, 3, 4, 5, 6) + \sum d(2, 7)$

(6) $Y(A, B, C) = \sum m(0, 2, 4, 6, 7)$

7. 写出题图 1-1 所示逻辑电路的表达式，并列出该电路的真值表。

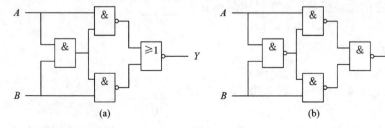

(a)　　　　　　　　　　　　　　　　(b)

题图 1-1

8．列出逻辑函数 $Y=AB+BC+AC$ 的真值表，并画出逻辑图。

9．已知逻辑函数 Y 的真值表如题表 1-1 所示，试写出 Y 的逻辑函数式并化简，根据化简结果选择合适的门电路并画出逻辑电路图。

题表 1-1 综合题 9 真值表

A	B	C	Y
0	0	0	1
0	0	1	1
0	1	0	1
0	1	1	0
1	0	0	0
1	0	1	0
1	1	0	0
1	1	1	1

五、分析题

试分析题图 1-2 所示的逻辑测试笔的工作原理及每个元器件的作用。

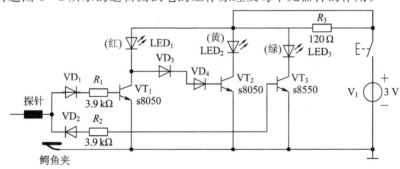

题图 1-2

六、制作题

按题图 1-2 所示电路图制作一个逻辑测试笔并测试。

项目二　数码显示器的制作与调试

知识目标：

(1) 掌握组合电路的特点及分析方法、分析步骤。

(2) 掌握组合逻辑电路的设计方法和设计步骤。

(3) 了解集成显示译码电路的功能和工作原理。

(4) 掌握 LED 数码管的功能与应用。

(5) 了解常用的集成组合逻辑电路的逻辑功能和应用。

能力目标：

(1) 能对组合逻辑电路进行安装、测试与检测。

(2) 能查阅资料，对数字集成资料查询、识别、测试与选取。

(3) 能查阅资料，对显示译码器、数码显示器识别与选取。

2.1　项 目 描 述

数字电路根据逻辑功能的不同，可将其分为两大类：一类是组合逻辑电路(简称组合电路)，另一类是时序逻辑电路(简称时序电路)，如图 2-1 所示。

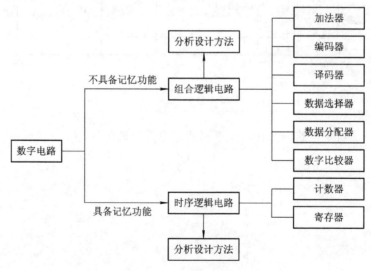

图 2-1　数字电路分类框图

组合电路的特点是：输出与输入的关系具有即时性，即电路在任意时刻的输出状态只取决于该时刻的输入状态，而与该时刻以前的电路状态无关，也称为无记忆性。

组合电路应用十分广泛，如编码器、译码器、加法器、数据选择器等都是常用的组合逻辑电路，要熟悉上述几种常用的组合逻辑电路的工作原理和使用方法。本项目就是通过制作一个数码显示器,来掌握集成组合逻辑电路的原理、分析、设计和制作的过程。

2.1.1　项目学习情境:数码显示器的制作与调试

数码显示器的电路原理图如图 2-2 所示。该项目需完成的主要任务是:① 熟悉电路各元器件的作用;② 进行电路元器件的安装;③ 进行电路参数的测试与调整;④ 撰写电路制作报告。

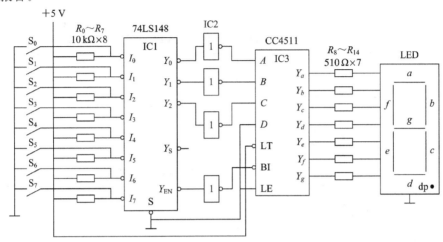

图 2-2　数码显示器电路原理图

2.1.2　电路分析与电路元器件参数及功能

一、电路分析

图 2-2 所示电路包括编码电路、反相电路和译码显示电路三部分。其中编码电路由优先编码器 74LS148、电路逻辑电平开关 $S_0 \sim S_7$、限流电阻 $R_0 \sim R_7$ 组成;反相电路,即集成反相器,可以是 74LS04 等芯片,其作用是将优先编码器 74LS148 输出的二进制反码转换成二进制码;译码显示电路由驱动器 CC4511、限流电阻 $R_8 \sim R_{14}$ 以及 LED 数码管 CL-5161AS 组成。

二、电路元器件参数及功能

数码显示器的制作与调试电路元器件参数及功能如表 2-1 所示。

表 2-1　数码显示器的制作与调试电路元器件参数及功能表

序　号	元器件代号	元器件名称	型号及参数	规　格	功　能	备　注
1	IC1	优先编码器	74LS148	16P	编码	
2	IC2	六非门	74LS04	14P	二进制码取反	
3	IC3	显示译码器	CC4511	16P	译码	
4	LED	LED 数码管	CL-5161AS	10P	数字显示	共阴极数码管
5	$R_0 \sim R_7$	电阻	10 kΩ	$\frac{1}{4}$W	限流	
6	$R_8 \sim R_{14}$	电阻	510 Ω	$\frac{1}{4}$W	限流	
7	$S_0 \sim S_7$	按钮开关		6.3×6.3	高低电平转换	

2.2 知 识 链 接

组合电路是由与门、或门、与非门、或非门等几种逻辑门组合而成的，它的基本特点是：输出状态仅取决于该时刻的输入信号，与输入信号前的电路状态无关。本项目先介绍组合电路的基本知识，然后介绍编码器、译码器、数据选择器等常见的组合电路原理及使用方法。

表 2 – 2 项目二学习任务链接知识点

学习任务	知 识 点
组合电路的概述	组合电路的特点、分类
组合电路的分析	对给定的组合电路进行功能概括
组合电路的设计	根据给定的逻辑功能设计组合电路
常用组合电路应用	掌握编码器、译码器、数值比较器、数据选择器、加法器的应用

2.2.1 组合电路概述

一、组合电路

在任一时刻，如果逻辑电路的输出状态只取决于输入各状态的组合，而与电路原来的状态无关，则称该电路为组合电路。假设组合电路有 n 个输入端，m 个输出端，其框图如图 2 – 3 所示。

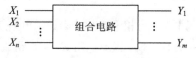

图 2 – 3 组合电路框图

可用下列逻辑函数描述：$Y_i = f_i(X_1, X_2, \cdots, X_n)(i = 1, 2, \cdots, m)$

描述一个组合电路逻辑功能的方法很多，通常有逻辑函数表达式、真值表、逻辑图、卡诺图、波形图五种，它们各有特点，既相互联系，又可以相互转换。

二、组合电路特点

(1) 从功能上看，组合电路的输出信号只取决于输入信号的组合，与电路原来的状态无关，即组合电路没有记忆功能。

(2) 从电路结构上看，组合电路由逻辑门组成，只有输入到输出的正向通路，没有输出到输入的反馈通路。

(3) 门电路是组合电路的基本单元。

三、组合电路的分类

(1) 按输出端数目可分为单输出电路和多输出电路。

(2) 按电路的逻辑功能分为加法器、编码器、译码器、数据选择器等。

(3) 按集成度分为小规模、中规模、大规模和超大规模集成电路。

(4) 按器件的极性可分为 TTL 型和 CMOS 型。

2.2.2　组合电路的分析

组合电路的分析，是已知组合逻辑电路图，分析其逻辑功能，分析步骤如图 2-4 所示。

图 2-4　组合电路分析步骤

（1）由逻辑图逐级写出各输出端的逻辑表达式。

（2）化简和变换各逻辑表达式。

（3）列出真值表。

（4）根据真值表和逻辑表达式对电路进行分析，并确定电路的功能。

（5）方案优化，确定所给电路是否最简。

对于典型的组合电路可以直接说出其功能，对于非典型的组合逻辑电路，应根据真值表中逻辑变量和逻辑函数的取值规律说明，即指出输入为哪些状态时，输出为 1 或为 0。

例 2.1　分析图 2-5 所示电路的逻辑功能。

解　（1）写出逻辑函数表达式，即 $Y=\overline{\overline{\overline{A}\overline{B}}\cdot\overline{AB}}$。

（2）化简逻辑函数表达式，即 $Y=\overline{\overline{\overline{A}\overline{B}}\cdot\overline{AB}}=\overline{A}\overline{B}+AB$。

（3）列出真值表，见表 2-3。

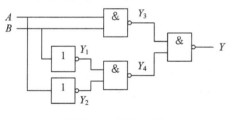

图 2-5　例 2.1 图

表 2-3　例 2.1 的真值表

A	B	Y
0	0	1
0	1	0
1	0	0
1	1	1

（4）概括电路的逻辑功能：该电路具有同或逻辑功能。

例 2.2　电路的输入输出波形如图 2-6 所示，分析该电路的逻辑功能。

解　根据波形图，列写真值表，如表 2-4 所示。然后根据真值表，写出函数表达式：

$$X=\overline{A}\overline{B}C+\overline{A}B\overline{C}+A\overline{B}\overline{C}+ABC,\quad Y=\overline{A}BC+A\overline{B}C+AB\overline{C}+ABC$$

表 2-4　例 2.2 的真值表

A	B	C	X	Y
0	0	0	0	0
0	0	1	1	0
0	1	0	1	0
0	1	1	0	1
1	0	0	1	0
1	0	1	0	1
1	1	0	0	1
1	1	1	1	1

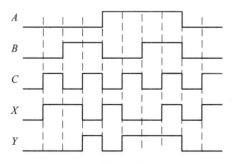

图 2-6　例 2.2 的波形图

由真值表可知，该电路逻辑功能是一位全加器，A、B 为加数和被加数，C 是低位的进位，X 是和，Y 是向高位的进位。

2.2.3 组合电路的设计

组合电路的设计是分析的逆过程，即最终设计出满足功能要求的最简逻辑电路图。所谓"最简"，就是指电路所用的器件数最少，器件种类最少，器件间的连线也最少。

组合电路的设计，简言之，已知功能，设计电路。设计步骤如图 2-7 所示。

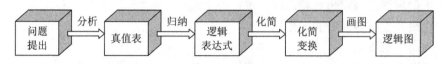

图 2-7 组合电路分析步骤

■ 逻辑抽象：分析问题的因果关系，确定并定义输入、输出变量。

■ 根据所给逻辑功能，列出真值表。

■ 根据真值表写逻辑表达式。

■ 化简表达式或根据要求变换表达式。

■ 根据表达式画逻辑电路图。

■ 检验，确定所设计电路能否实现所给逻辑功能。

例 2.3 设计一个三人表决器。要求当三个人中有两个或三个表示同意，则表决通过，否则不能通过。用与非门实现。

解 (1) 进行逻辑抽象。

① 确定输入变量和输出变量，并赋值。

分析命题，假设三个人为输入变量，分别用 A、B、C 表示，且为 1 时表示同意，为 0 表示不同意。表决的结果为输出变量，用 Y 表示，且为 1 时表示通过，为 0 表示不能通过。

② 根据命题列真值表，见表 2-5。

表 2-5 例 2.3 的真值表

输　　入			输　　出
A	B	C	Y
0	0	0	0
0	0	1	0
0	1	0	0
0	1	1	1
1	0	0	0
1	0	1	1
1	1	0	1
1	1	1	1

(2) 根据真值表，写出逻辑函数表达式，有

$$Y = \overline{A}BC + A\overline{B}C + AB\overline{C} + ABC$$

（3）根据所给逻辑器件（与非门）化简、变换逻辑函数

$$Y = \bar{A}BC + A\bar{B}C + AB\bar{C} + ABC$$
$$= AB + BC + AC$$
$$= \overline{\overline{AB + BC + AC}}$$
$$= \overline{\overline{AB} + \overline{BC} + \overline{AC}}$$
$$= \overline{\overline{Y_1} + \overline{Y_2} + \overline{Y_3}}$$
$$= \overline{\overline{Y_1}\,\overline{Y_2}\,\overline{Y_3}}$$

（4）根据逻辑函数表达式画出逻辑图，如图 2-8 所示。

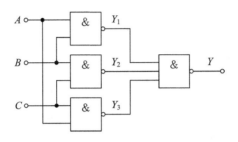

图 2-8 例 2.3 逻辑图

例 2.4 有三个班学生上自习，大教室能容纳两个班学生，小教室能容纳一个班学生。设计两个教室是否开灯的逻辑控制电路，要求如下：

（1）一个班学生上自习，开小教室的灯；

（2）两个班上自习，开大教室的灯；

（3）三个班上自习，两教室均开灯。

解 （1）进行逻辑抽象，并列出真值表。

根据设计要求，设输入变量 A、B、C 分别表示三个班学生是否上自习，1 表示上自习，0 表示不上自习；输出变量 Y、G 分别表示大教室、小教室的灯是否亮，1 表示亮，0 表示灭。根据逻辑要求列出真值表，如表 2-6 所示。

表 2-6 例 2.4 的真值表

输 入			输 出	
A	B	C	G	Y
0	0	0	0	0
0	0	1	1	0
0	1	0	1	0
0	1	1	0	1
1	0	0	1	0
1	0	1	0	1
1	1	0	0	1
1	1	1	1	1

（2）写出逻辑表达式：

$$Y = \bar{A}BC + A\bar{B}C + AB\bar{C} + ABC$$

$$G = \overline{A}\overline{B}C + \overline{A}B\overline{C} + A\overline{B}\overline{C} + ABC$$

（3）函数化简。

利用卡诺图化简将表达式化为最简表达式，如图2-9。

$$Y = AB + AC + BC$$

$$G = \overline{A}\overline{B}C + \overline{A}B\overline{C} + A\overline{B}\overline{C} + ABC = A \oplus B \oplus C$$

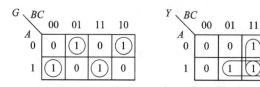

图2-9 例2.4的卡诺图

（4）画出逻辑电路，如图2-10(a)所示。

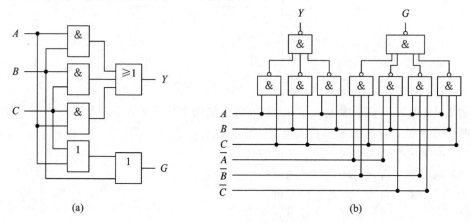

图2-10 例2.4的电路图

若要求用与非门，实现该设计电路的设计步骤如下：首先，将化简后的与或逻辑表达式转换为与非形式

$$Y = AB + AC + BC = \overline{\overline{AB} \cdot \overline{AC} \cdot \overline{BC}}$$

$$G = \overline{A}\overline{B}C + \overline{A}B\overline{C} + A\overline{B}\overline{C} + ABC = \overline{\overline{\overline{A}\overline{B}C} \cdot \overline{\overline{A}B\overline{C}} \cdot \overline{A\overline{B}\overline{C}} \cdot \overline{ABC}}$$

然后再画出图2-10(b)所示的用与非门实现的组合电路。

2.2.4 常用集成组合电路

常见的组合逻辑部件，主要有编码器、译码器、加法器、数值比较器、数据选择器、多路分配器等。为了使用方便，已经把这些逻辑部件制成了中、小规模集成的标准化集成电路产品。本项目所涉及的器件均属中规模组合逻辑电路。

一、编码器

在数字系统中，把具有某种特定含义的信号（文字、数字、符号）变成（二进制）代码的过程，称为编码。

实现编码操作的数字电路称为编码器。编码器的典型应用如图2-11所示。

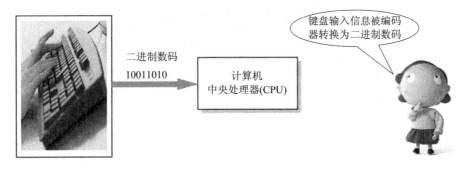

图 2 - 11   编码器的典型应用

编码器的分类如下：

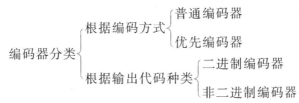

1. 二进制编码器

当编码器满足 $N=2^n$ 时（$N>n$），称其为二进制编码器。其中 N 为输入信号的个数，n 为输出二进制代码的位数。二进制编码器框图如图 2 - 12 所示。

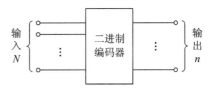

图 2 - 12   二进制编码器框图

说明：二进制编码器在任何时刻只能对其中一个输入信号进行编码，即 N 个输入信号是互相排斥的，它属于普通编码器。

若二进制编码器输入有四个信号，输出为两位二进制代码，则称为 4 线-2 线二进制编码器（或 4/2 线二进制编码器）。常见的二进制编码器有 8 线-3 线、16 线-4 线二进制编码器等。

在进行编码器设计时，首先要人为指定数（或信号）与代码的一一对应关系，对此常采用编码矩阵和编码表。由于指定是人为的，所以编码方案有好多种。

编码矩阵——就是在相应的卡诺图上，指定每一个方格代表某一自然数，将该自然数填入此方格。若将此对应关系用表格形式列出来就得到编码表。

例 2.5   把 $0，1，2，\cdots，7$ 这八个数编成二进制代码。

解   这是一个三位二进制编码（8-3 线编码）器，属于根据要求设计电路。第一步：确定编码矩阵（见图 2 - 13）和编码表（见表 2 - 7）。

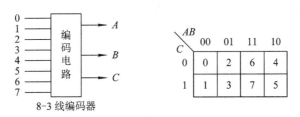

图 2 - 13   例 2.5 的编码矩阵

表 2-7 例 2.5 的编码表

自 然 数	二进制代码		
N	A	B	C
0	0	0	0
1	0	0	1
2	0	1	0
3	0	1	1
4	1	0	0
5	1	0	1
6	1	1	0
7	1	1	1

第二步：由编码表列出二进制代码每一位的逻辑表达式。

$$A=4+5+6+7$$

$$B=2+3+6+7$$

$$C=1+3+5+7$$

第三步：依据表达式画出用或门组成的编码电路，如图 2-14 所示。

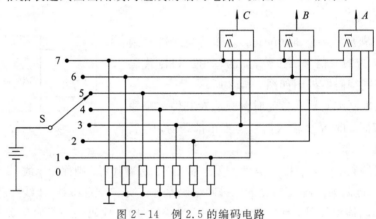

图 2-14 例 2.5 的编码电路

S 处于不同的位置表示不同的自然数，对应 ABC 的输出，就表示对该自然数的二进制编码。如 S 在位置 5，则它接高电位，其他均接地，所以 $ABC=101$。

2. 非二进制编码器——二-十进制编码器

将十进制数 0、1、2、3、4、5、6、7、8、9 等 10 个数字编成二进制代码的电路叫做二-十进制编码器。它的输入是代表 0~9 这 10 个数字的状态信号，有效信号为 1（即某信号为 1 时，则表示要对它进行编码），输出是相应的 BCD 码，因此也称 10-4 线编码器。它和二进制编码器特点一样，任何时刻只允许输入一个有效信号。

例 2.6 把 0~9 这 10 个数编成 8421 码。

解 这是一个非二进制编码器，属二-十进制编码器。

第一步：确定编码矩阵和编码表。

10 个数要用四位二进制代码表示，而四位二进制数有 16 种状态。从 16 种状态中选取 10 个状态，方案很多。我们以 8421BCD 码为例，其编码矩阵和编码表分别如图 2-15 和表 2-8 所示。

$$\begin{array}{c|cccc}
 & \overset{CD}{00} & 01 & 11 & 10 \\
\hline
AB & & & & \\
00 & 0 & 1 & 3 & 2 \\
01 & 4 & 5 & 7 & 6 \\
11 & \times & \times & \times & \times \\
10 & 8 & 9 & \times & \times
\end{array}$$

图 2-15　例 2.6 的编码矩阵

表 2-8　例 2.6 的编码表

自然数	二进制代码			
N	A	B	C	D
0	0	0	0	0
1	0	0	0	1
2	0	0	1	0
3	0	0	1	1
4	0	1	0	0
5	0	1	0	1
6	0	1	1	0
7	0	1	1	1
8	1	0	0	0
9	1	0	0	1

第二步：由编码表列出各输出函数的逻辑表达式。

$$A = 8 + 9 = \overline{\overline{8} \cdot \overline{9}}$$

$$B = 4 + 5 + 6 + 7 = \overline{\overline{4} \cdot \overline{5} \cdot \overline{6} \cdot \overline{7}}$$

$$C = 2 + 3 + 6 + 7 = \overline{\overline{2} \cdot \overline{3} \cdot \overline{6} \cdot \overline{7}}$$

$$D = 1 + 3 + 5 + 7 + 9 = \overline{\overline{1} \cdot \overline{3} \cdot \overline{5} \cdot \overline{7} \cdot \overline{9}}$$

第三步：依据表达式画出用与非门组成的编码电路，如图 2-16 所示。

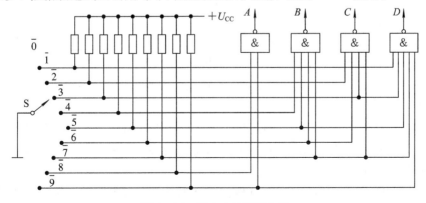

图 2-16　例 2.6 的编码电路

如 S 在位置 3，即接地（低电平有效），其他均为高电平，所以 $ABCD = 0011$。

3. 优先编码器

优先编码器与普通编码器不同，优先编码器允许输入端有多个有效信号，电路只对其中优先级别最高的信号进行编码，对级别较低的输入信号不予理睬，常用于优先中断系统和键盘编码。

常用的优先编码器有：集成 8 - 3 线优先编码器——74LS148，其逻辑符号如图 2 - 17 所示，其中 E_1——使能输入端，E_0——使能输出端，CS——片优先编码输出端。

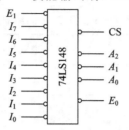

图 2 - 17　74LS148 逻辑符号

表 2 - 9 是优先编码器 74LS148 的功能表。

表 2 - 9　74LS148 的功能表

输　入									输　出				
E_1	I_0	I_1	I_2	I_3	I_4	I_5	I_6	I_7	A_2	A_1	A_0	CS	E_0
1	×	×	×	×	×	×	×	×	1	1	1	1	1
0	1	1	1	1	1	1	1	1	1	1	1	1	0
0	×	×	×	×	×	×	×	0	0	0	0	0	1
0	×	×	×	×	×	×	0	1	0	0	1	0	1
0	×	×	×	×	×	0	1	1	0	1	0	0	1
0	×	×	×	×	0	1	1	1	0	1	1	0	1
0	×	×	×	0	1	1	1	1	1	0	0	0	1
0	×	×	0	1	1	1	1	1	1	0	1	0	1
0	×	0	1	1	1	1	1	1	1	1	0	0	1
0	0	1	1	1	1	1	1	1	1	1	1	0	1

从表 2 - 9——74LS148 的功能表可以看出：

（1）输入端低电平有效，输出为反码；高位优先编码，即 I_7 的优先级别最高，I_0 的优先级别最低。

（2）当 $E_1 = 1$ 时，电路禁止编码，无论 $I_0 \sim I_7$ 中有无有效信号，输出均为 111，并且 CS = E_0 = 1。当 $E_1 = 0$ 时，电路允许编码。而 $E_0 = 0$ 表示 $E_1 = 0$ 时，输入端 $I_0 \sim I_7$ 都无有效信号，电路输出为 111。

（3）$E_0 = 1$ 且 $E_1 = 0$ 时，有二进制码输出，当几条输入线上同时出现信号时，优先输出其中序号最大的编码。

（4）在有有效二进制码输出时，CS 固定输出为 0。

图 2-18 是将两片 8-3 线优先编码器扩展成 16-4 线优先编码器的连接图。

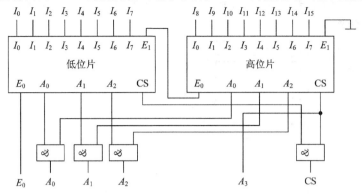

图 2-18 16-4 线优先编码器

如图 2-18 所示，高位片的使能输出端 E_0 接至低位片的使能输入端 E_1。当高位片输入端($I_8 \sim I_{15}$)无信号输入时，它的使能输出端 $E_0 = 0$，使低位片处于工作状态，输出二进制代码取决于低位片输入端($I_0 \sim I_7$)。高位片有输入时，其使能输出端 $E_0 = 1$，使低位片禁止工作，输出取决于高位片输出端 $A_0 \sim A_2$，高、低位片中的片优先编码输出，以高位片的 CS 输出优先，所以，以高位片中 CS 输出为 A_3 的输出。例如："I_{13}"有输入信号，则高位输出端 $E_0 = 1$，CS = 0，$A_0 = 0$，$A_1 = 1$，$A_2 = 0$。由于 $E_0 = 1$，使低位片输出端 $A_0 = A_1 = A_2 = $ CS = 1，所以总的输出端为 $A_0 = 0$，$A_1 = 1$，$A_2 = 0$，$A_3 = 0$，CS = 0。

二、译码器

译码是编码的逆过程，即将每一组输入的二进制代码"翻译"成为一个特定的输出信号。实现译码功能的数字电路称为译码器。译码器的任务是将输入的数码变换成所需的信号，广泛应用于各类电子显示屏、计算机显示器等设备上，其典型应用如图 2-19 所示。

(a) 电子显示屏　　　　　(b) 计算机显示器

图 2-19 译码器的典型应用电路

1. 二进制译码器

将二进制代码按其原意翻译成相应输出信号并且二进制代码的位数 n 与输出译码线的个数 N，满足 $N = 2^n$ 的电路，称为二进制译码器。2-4 线译码器，即有 2 条输入线 A_0、A_1，4 种输入信息 00、01、10、11，输出的 4 条线 $Y_0 \sim Y_3$ 分别代表 0、1、2、3 四个数字，如图 2-20 所示。

3-8 线译码器则有 3 条输入线 A_0、A_1、A_2，8 条输出线 $Y_0 \sim Y_7$，如图 2-21 所示。

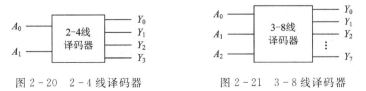

图 2-20 2-4 线译码器　　　　　图 2-21 3-8 线译码器

图 2-22 所示的是集成 3-8 译码器 74LS138 的电路图和逻辑符号图，表 2-10 是
74LS138 的功能表。

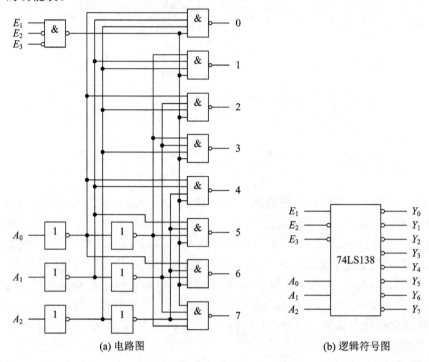

(a) 电路图   (b) 逻辑符号图

图 2-22   74LS138 电路图和逻辑符号图

表 2-10   74LS138 功能表

输　入					输　出							
E_1	E_2+E_3	A_2	A_1	A_0	Y_0	Y_1	Y_2	Y_3	Y_4	Y_5	Y_6	Y_7
0	×	×	×	×	1	1	1	1	1	1	1	1
×	1	×	×	×	1	1	1	1	1	1	1	1
1	0	0	0	0	0	1	1	1	1	1	1	1
1	0	0	0	1	1	0	1	1	1	1	1	1
1	0	0	1	0	1	1	0	1	1	1	1	1
1	0	0	1	1	1	1	1	0	1	1	1	1
1	0	1	0	0	1	1	1	1	0	1	1	1
1	0	1	0	1	1	1	1	1	1	0	1	1
1	0	1	1	0	1	1	1	1	1	1	0	1
1	0	1	1	1	1	1	1	1	1	1	1	0

由 74LS138 的电路图和真值表可以看出，E_1、E_2 和 E_3 为使能控制端，只有当 $E_1=1$，
$E_2=E_3=0$ 时，该电路才工作，输出决定于输入的二进制代码。

图 2-23 是将 3-8 译码器扩展为 4-16 译码器的连接图。通过此图可以了解使能端在
扩大功能上的用途。

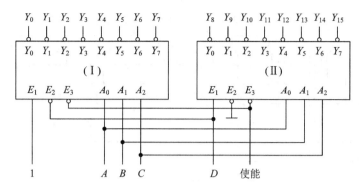

图 2-23　4-16 译码器连接图

E_3 作为使能端，（Ⅰ）片 E_2 和（Ⅱ）片 E_1 相连作为第四变量 D 的输入端。在 $E_3=0$ 的前提下：

当 $D=0$ 时，（Ⅰ）片工作，（Ⅱ）片禁止，输出由（Ⅰ）片决定。

当 $D=1$ 时，（Ⅰ）片禁止，（Ⅱ）片工作，输出由（Ⅱ）片决定。

图 2-23 的逻辑功能如表 2-11 所示。

表 2-11　4-16 译码器功能表

（Ⅰ）片工作					（Ⅱ）片工作				
D	C	B	A	输出	D	C	B	A	输出
0	0	0	0	0	1	0	0	0	8
0	0	0	1	1	1	0	0	1	9
0	0	1	0	2	1	0	1	0	10
0	0	1	1	3	1	0	1	1	11
0	1	0	0	4	1	1	0	0	12
0	1	0	1	5	1	1	0	1	13
0	1	1	0	6	1	1	1	0	14
0	1	1	1	7	1	1	1	1	15

2. 二-十进制译码器

二-十进制译码器也称 BCD 译码器，它的功能是将输入的一位 BCD 码（四位二元符号）译成 10 个高、低电平输出信号，因此也叫 4-10 译码器。

以 8421BCD 码为例，由于它需要四位二进制代码，且有 16 种状态，故有六个多余状态，化简时作为无关项考虑。8421BCD 码的译码矩阵如图 2-24 所示，由图 2-24 可得如下译码关系：

AB＼CD	00	01	11	10
00	0	1	3	2
01	4	5	7	6
11	×	×	×	×
10	8	9	×	×

图 2-24　8421BCD 码
译码矩阵

$0=\overline{A}\,\overline{B}\,\overline{C}\,\overline{D}$　　$1=\overline{A}\,\overline{B}\,\overline{C}D$　　$2=\overline{B}\,C\overline{D}$　　$3=\overline{B}\,CD$

$4=B\overline{C}\,\overline{D}$　　$5=B\overline{C}D$　　$6=BC\overline{D}$　　$7=BCD$

$8=A\overline{D}$　　　$9=AD$

8421BCD 码的译码电路如图 2-25 所示。

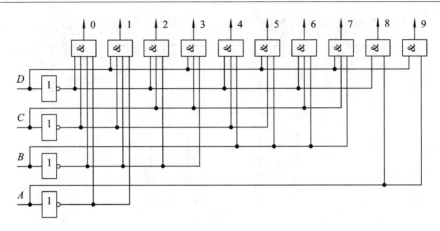

图 2-25 8421BCD 码译码电路

3. 显示译码器

与二进制译码器不同，显示译码器是用来驱动显示器件，以显示数字或字符的中规模集成电路。显示译码器随显示器件的类型而异，与辉光数码管相配的是 BCD 十进制译码器，而常用的发光二极管(LED)数码管、液晶数码管、荧光数码管等是由 7 个或 8 个字段构成字形的，因而与之相配的有 BCD 七段或 BCD 八段显示译码器。现以驱动 LED 数码管的 BCD 七段译码器为例，简介显示译码原理。图 2-26 为显示译码器的组成框图。

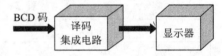

图 2-26 显示译码器的组成框图

发光二极管(LED)由特殊的半导体材料砷化镓、磷砷化镓等制成，可以单独使用，也可以组装成分段式或点阵式 LED 显示器件(半导体显示器)。分段式显示器(LED 数码管)由 7 或 8 个字段组成，每一段包含一个发光二极管，外加正向电压时二极管导通，发出清晰的光，只要按规律控制各段的亮、灭，就可以显示各种字形或符号。LED 数码管有共阳极和共阴极两种。图 2-27 是 7 段 LED 数码管的外形图和内部发光二极管的共阴、共阳两种接法的电路图。

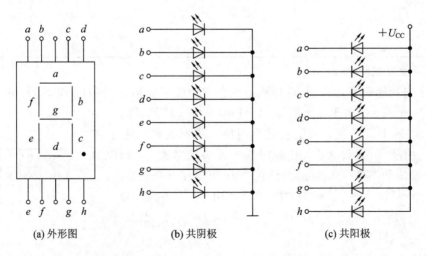

(a) 外形图　　　　　(b) 共阴极　　　　　(c) 共阳极

图 2-27 7 段 LED 数码管的外形图和内部发光二极管的共阴、共阳两种接法的电路图

为了使显示器件能够正常显示，需要使用显示译码器。显示译码器的设计首先要考虑到显示的字形，我们用驱动七段发光二极管的例子说明设计显示译码器的过程。图 2-28 是显示译码器输入输出方框图，其中包括四个输入端，七个输出端。设计时，对每一个输出变量均列出其真值表，再用卡诺图化简。

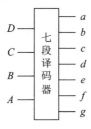

图 2-28 显示译码器输入输出方框图

七段显示译码器的真值表如表 2-12 所示。（共阳极数码管，对应极为低电平时亮，高电平时灭）

表 2-12 七段显示译码器的真值表

十进制数	LT	RBI	BI	D	C	B	A	a	b	c	d	e	f	g
	0	×	1	×	×	×	×	0	0	0	0	0	0	0
	×	×	0	×	×	×	×	1	1	1	1	1	1	1
	1	0	1	0	0	0	0	1	1	1	1	1	1	1
0	1	1	1	0	0	0	0	0	0	0	0	0	0	1
1	1	×	1	0	0	0	1	1	0	0	1	1	1	1
2	1	×	1	0	0	1	0	0	0	1	0	0	1	0
3	1	×	1	0	0	1	1	0	0	0	0	1	1	0
4	1	×	1	0	1	0	0	1	0	0	1	1	0	0
5	1	×	1	0	1	0	1	0	1	0	0	1	0	0
6	1	×	1	0	1	1	0	1	1	0	0	0	0	0
7	1	×	1	0	1	1	1	0	0	0	1	1	1	1
8	1	×	1	1	0	0	0	0	0	0	0	0	0	0
9	1	×	1	1	0	0	1	0	0	0	1	1	0	0
	1	×	1	1	0	1	0	1	1	1	0	0	1	0
	1	×	1	1	0	1	1	1	1	0	0	1	1	0
	1	×	1	1	1	0	0	1	0	1	0	1	1	0
	1	×	1	1	1	0	1	0	1	1	0	1	0	0
	1	×	1	1	1	1	0	1	1	1	0	0	0	0
	1	×	1	1	1	1	1	1	1	1	1	1	1	1

根据真值表我们可以得到各段的最简表达式。以 a 段为例，利用卡诺图化简如图 2-29 所示。

$$a=C\overline{A}+DB+\overline{D}\overline{C}BA=\overline{\overline{C\overline{A}+DB+\overline{D}\overline{C}BA}}$$

同理可得

$$b=C\overline{B}A+CB\overline{A}+DB=\overline{\overline{C\overline{B}A+CB\overline{A}+DB}}$$

$$c=\overline{C}BA+DC=\overline{\overline{\overline{C}BA+DC}}$$

$$d=\overline{C}\overline{B}A+C\overline{B}\overline{A}+CBA=\overline{\overline{\overline{C}\overline{B}A+C\overline{B}\overline{A}+CBA}}$$

$$e=A+C\overline{B}=\overline{\overline{A+C\overline{B}}}$$

$$f=BA+\overline{C}B+\overline{D}\overline{C}A=\overline{\overline{BA+\overline{C}B+\overline{D}\overline{C}A}}$$

$$g=CBA+\overline{D}\overline{C}B=\overline{\overline{CBA+\overline{D}\overline{C}B}}$$

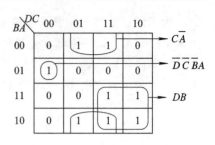

图 2-29 显示译码器卡诺图

集成电路为了扩大功能，增加了熄灭输入信号 BI、灯测试信号 LI、灭"0"输入 RBI 和灭"0"输出 RBO，其功能介绍如下：

BI：当 BI=0 时，不管其他输入端状态如何，七段数码管均处于熄灭状态，不显示数字。

LI：当 BI=1，LI=0 时，不管输入 $DCBA$ 状态如何，七段均发亮，显示"8"，主要用来检测数码管是否损坏。

RBI：当 BI=LI=1，RBI=0 时，输入 $DCBA$ 为 0000，各段均熄灭，不显示"0"；而 $DCBA$ 为其他各种组合时，正常显示，主要用来熄灭无效的前零和后零。如 0093.2300 显然前两个零和后两个零均无效，则可使用 RBI 使之熄灭，并显示为 93.23。

RBO：当本位的"0"熄灭时，RBO=0，在多位显示系统中，它与下一位的 RBI 相连，通知下位如果是零也可熄灭。集成数字显示译码器 74LS48 内部电路图如图 2-30 所示。

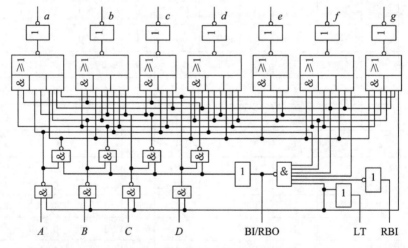

图 2-30 74LS48 内部电路图

由二进制译码器可知，它的输出端就表示一项最小项，而逻辑函数可以用最小项表示，利用这个特点，可以实现组合逻辑电路的设计，而不需要经过化简过程。

例 2.7 用 8-8 译码器设计两个一位二进制数的全加器。

解 所谓全加，是考虑低位来的进位，将两个一位二进制数直接相加的运算。把完成全加运算的电路称为全加器。由全加器真值表可得全加器输出端表达式如下：

根据定义列出全加器的真值表，

$$S = \overline{A}\overline{B}C + \overline{A}B\overline{C} + A\overline{B}\overline{C} + ABC$$
$$= m_1 + m_2 + m_4 + m_7$$
$$= \overline{\overline{m_1}\,\overline{m_2}\,\overline{m_4}\,\overline{m_7}}$$
$$C_{i+1} = \overline{A}BC + A\overline{B}C + AB\overline{C} + ABC$$
$$= m_3 + m_5 + m_6 + m_7$$
$$= \overline{\overline{m_3}\,\overline{m_5}\,\overline{m_6}\,\overline{m_7}}$$

用 3 - 8 译码器组成全加器电路如图 2 - 31 所示。

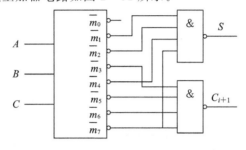

图 2 - 31　例 2.7 电路图

4. 集成译码器

常用集成译码器见表 2 - 13。

表 2 - 13　常用集成译码器

型　号	功　能　说　明
74LS138	3 - 8 线译码器
74LS154	4 - 16 线译码器
74LS259	8 位可寻址锁存器/3 - 8 线译码器
CD4514	4 位锁存，4 - 16 线译码器
CD4515	4 位锁存，4 - 16 线译码器

三、加法器

加法器是可进行二进制数加法运算的电路。在现代的计算机系统中，加法器存在于算术逻辑单元（ALU）之中。图 2 - 32 为加法器的功能示意图。

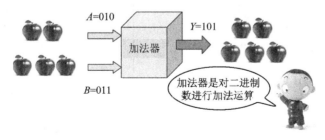

图 2 - 32　加法器的功能示意图

1. 半加器

不考虑低位来的进位的加法，称为半加。半加器是只考虑两个加数本身，而不考虑来自低位进位的逻辑电路。半加器有两个输入端，分别为加数 A 和被加数 B；输出也有两个，分别为和数 S 和向高位的进位 C，其方框图如图 2-33 所示，真值表如表 2-14 所示。

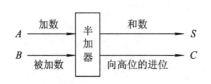

图 2-33 半加器方框图

表 2-14 半加器的真值表

A	B	S	C
0	0	0	0
0	1	1	0
1	0	1	0
1	1	0	1

从真值表可得到函数表达式：

$$S = \overline{A}B + A\overline{B}$$

$$C = AB$$

其逻辑电路如图 2-34(a)所示，由异或门和与门组成，图 2-34(b)为其逻辑符号图。

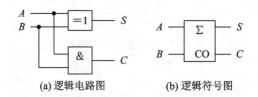

(a) 逻辑电路图　　　　(b) 逻辑符号图

图 2-34 半加器

2. 全加器

全加器是完成两个二进制数 A_i 和 B_i 及相邻低位的进位 C_{i-1} 相加的逻辑电路。它有三个输入端和两个输出端，其方框图如图 2-35 所示，其中 A_i 和 B_i 分别是被加数和加数，C_{i-1} 为相邻低位的进位，S_i 为本位的和，C_i 为本位的进位。全加器的真值表如表 2-15 所示。

表 2-15 全加器的真值表

A_i	B_i	C_{i-1}	S_i	C_i
0	0	0	0	0
0	0	1	1	0
0	1	0	1	0
0	1	1	0	1
1	0	0	1	0
1	0	1	0	1
1	1	0	0	1
1	1	1	1	1

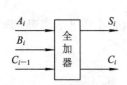

图 2-35 全加器方框图

由真值表写出逻辑表达式：

$$S_i = \overline{A}_i\overline{B}_iC_{i-1} + \overline{A}_iB_i\overline{C}_{i-1} + A_i\overline{B}_i\overline{C}_{i-1} + A_iB_iC_{i-1}$$
$$= (\overline{A}_iB_i + A_i\overline{B}_i)\overline{C}_{i-1} + (\overline{A}_i\overline{B}_i + A_iB_i)C_{i-1}$$
$$= (A_i \oplus B_i)\overline{C}_{i-1} + \overline{A_i \oplus B_i}C_{i-1}$$
$$= A_i \oplus B_i \oplus C_{i-1}$$

$$C_i = A_i \overline{B}_i C_{i-1} + \overline{A}_i B_i C_{i-1} + A_i B_i \overline{C}_{i-1} + A_i B_i C_{i-1}$$
$$= (A_i \overline{B}_i + \overline{A}_i B_i) C_{i-1} + A_i B_i$$
$$= (A_i \oplus B_i) C_{i-1} + A_i B_i$$

由 S_i、C_i 逻辑表达式组成的逻辑电路如图 2-36(a)所示，图 2-36(b)、(c)分别为全加器的曾用符号和国际符号。为获得由与或非门组成的逻辑电路，我们先求出 $\overline{S}_i$ 和 $\overline{C}_i$，然后求反即得与或非表达式。

$$\overline{S}_i = \overline{A}_i \overline{B}_i \overline{C}_{i-1} + \overline{A}_i B_i C_{i-1} + A_i \overline{B}_i C_{i-1} + A_i B_i \overline{C}_{i-1}$$
$$\overline{C}_i = \overline{A}_i \overline{B}_i + \overline{B}_i \overline{C}_{i-1} + \overline{A}_i \overline{C}_{i-1}$$

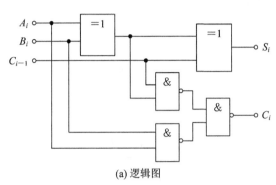

(a) 逻辑图

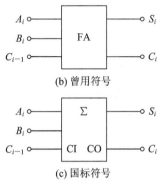

(b) 曾用符号

(c) 国标符号

图 2-36　全加器

由与或非门构成的全加器逻辑电路如图 2-37 所示。

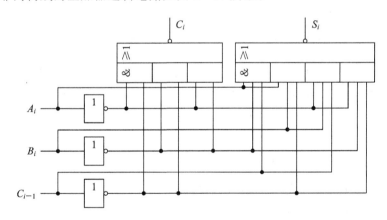

图 2-37　与或非门构成的全加器逻辑电路

3. 多位二进制加法

要实现两个 n 位二进制数相加时，可使用 n 位全加器，其进位的方式有串行进位和超前进位两种。

图 2-38 所示为由 4 个全加器构成的 4 位串行进位的加法器。每一位的进位输出送给下一位的进位输入端(图中 CI 为进位输入端，CO 为进位输出端)。高位的加法运算，必须等到低位的加法运算完成之后才能正确进行。这种逻辑电路比较简单，但运算速度较慢，主要在一些中低速数字设备中使用。

为了克服串行进位加法器运算速度比较慢的缺点，设计出了一种速度更快的超前进位加法器。

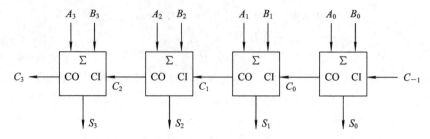

图 2-38 4 位串行进位加法器

超前进位加法器的设计思想是设法将低位进位输入信号 C_{i-1} 经判断直接送到输出端以缩短中间传输路径，提高工作速度。如可令

$$C_i = A_i B_i + (A_i + B_i) C_{i-1}$$

这样，只要 $A_i = B_i = 1$，或 A_i 和 B_i 有一个为 1，$C_{i-1} = 1$，则直接令 $C_i = 1$。

常用的超前进位加法器芯片有 74LS283，它是一个 4 位二进制的加法器，其逻辑符号和外引脚图如图 2-39 所示。

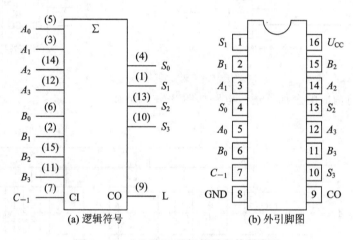

图 2-39 74LS283 逻辑符号和外引脚图

4. 加法器的应用

例 2.8 试用全加器完成二进制的乘法功能。

解 以两个二进制数相乘为例。

乘法算式如下：

$$A = A_1 A_0$$

$$B = B_1 B_0$$

$$P = (A_1 A_0) \times (B_1 B_0)$$

$$
\begin{array}{rcccc}
 & & A_1 & A_0 \\
\times & & B_1 & B_0 \\
\hline
 & & A_1 B_0 & A_0 B_0 \\
+ & A_1 B_1 & A_0 B_1 \\
\hline
P_3 & P_2 & P_1 & P_0
\end{array}
$$

$$P_0 = A_0 B_0$$
$$P_1 = A_1 B_0 + A_0 B_1$$
$$P_2 = A_1 B_1 + C_1$$

C_1 为 $A_1 B_0 + A_0 B_1$ 的进位位，$P_3 = C_2$，C_2 为 $A_1 B_1 + C_1$ 的进位位，按上述 P_0、P_1、P_2、P_3 的关系可构成逻辑电路如图 2-40 所示。

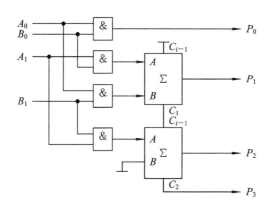

图 2-40　例 2.8 图

例 2.9　试采用四位全加器完成 8421BCD 码到余 3 码的转换。

解　由于 8421BCD 码加 0011 即为余 3 码，所以其转换电路就是一个加法电路，如图 2-41 所示。

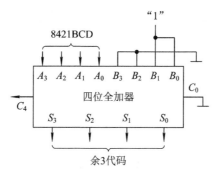

图 2-41　例 2.9 图

5．集成加法器

常用集成加法器见表 2-16。

表 2-16　常用加法器型号

型　号	功　能　说　明
74LS183	1 位双保留进位全加器
74LS82	2 位二进制全加器（快速进位）
74LS83	4 位二进制全加器（快速进位）
74LS283	4 位二进制全加器

四、数值比较器

日常生活中，我们常见如图 2-42(a)所示的架盘天平，可用来测量物体的重量或比较两个物体的重量大小。在数字系统中，数值比较器是对二进制数 A、B 进行比较，以判断其大小的逻辑电路，简称比较器，如图 2-42(b)所示。

比较结果为 $A>B$ 时，输出端 $Y_{A>B}$ 输出有效值；

比较结果为 $A<B$ 时，输出端 $Y_{A<B}$ 输出有效值；

比较结果为 $A=B$ 时，输出端 $Y_{A=B}$ 输出有效值。

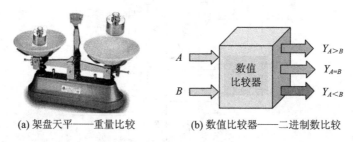

(a) 架盘天平——重量比较   (b) 数值比较器——二进制数比较

图 2-42　两类比较器

1. 一位数值比较器

将两个一位数 A 和 B 进行大小比较，一般有三种可能：$A>B$，$A<B$ 和 $A=B$。因此比较器应有两个输入端：A 和 B；三个输出端：$F_{A>B}$、$F_{A<B}$ 和 $F_{A=B}$。假设与比较结果相符的输出为 1，不符的为 0，则可列出其真值表如表 2-17 所示。

表 2-17　一位数值比较器真值表

输　入		输　出		
A	B	$F_{A>B}$	$F_{A<B}$	$F_{A=B}$
0	0	0	0	1
0	1	0	1	0
1	0	1	0	0
1	1	0	0	1

由真值表得出各输出逻辑表达式为：

$$F_{A>B}=A\bar{B}$$

$$F_{A<B}=\bar{A}B$$

$$F_{A=B}=\bar{A}\bar{B}+AB$$

一位数值比较器的逻辑电路如图 2-43 所示。

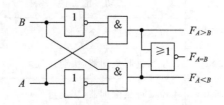

图 2-43　一位数值比较器逻辑电路

2．集成数值比较器

国产集成数值比较器中，功能较强的是四位数值比较器，例如 74LS85 等。74LS85 外部引脚排列图如图 2-44 所示，它的功能表如表 2-18 所示。

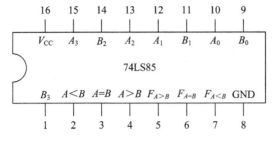

图 2-44　74LS85 外部引脚排列图

表 2-18　74LS85 功能表

比　较　输　入				级　联　输　入			输　出		
$A_3 B_3$	$A_2 B_2$	$A_1 B_1$	$A_0 B_0$	$A>B$	$A<B$	$A=B$	$F_{A>B}$	$F_{A<B}$	$F_{A=B}$
$A_3 > B_3$	$\times$	$\times$	$\times$	$\times$	$\times$	$\times$	1	0	0
$A_3 < B_3$	$\times$	$\times$	$\times$	$\times$	$\times$	$\times$	0	1	0
$A_3 = B_3$	$A_2 > B_2$	$\times$	$\times$	$\times$	$\times$	$\times$	1	0	0
$A_3 = B_3$	$A_2 < B_2$	$\times$	$\times$	$\times$	$\times$	$\times$	0	1	0
$A_3 = B_3$	$A_2 = B_2$	$A_1 > B_1$	$\times$	$\times$	$\times$	$\times$	1	0	0
$A_3 = B_3$	$A_2 = B_2$	$A_1 < B_1$	$\times$	$\times$	$\times$	$\times$	0	1	0
$A_3 = B_3$	$A_2 = B_2$	$A_1 = B_1$	$A_0 > B_0$	$\times$	$\times$	$\times$	1	0	0
$A_3 = B_3$	$A_2 = B_2$	$A_1 = B_1$	$A_0 < B_0$	$\times$	$\times$	$\times$	0	1	0
$A_3 = B_3$	$A_2 = B_2$	$A_1 = B_1$	$A_0 = B_0$	1	0	0	1	0	0
$A_3 = B_3$	$A_2 = B_2$	$A_1 = B_1$	$A_0 = B_0$	0	1	0	0	1	0
$A_3 = B_3$	$A_2 = B_2$	$A_1 = B_1$	$A_0 = B_0$	0	0	1	0	0	1

其比较原理如下：

（1）先比较最高位 A_3、B_3，若 $A_3 > B_3$，则可以肯定 $A>B$，这时输出 $F_{A>B}=1$；若 $A_3 < B_3$，则可以肯定 $A<B$，这时输出 $F_{A<B}=1$。

（2）当 $A_3 = B_3$ 时，再去比较次高位 A_2、B_2。若 $A_2 > B_2$，则输出 $F_{A>B}=1$；若 $A_2 < B_2$，则输出 $F_{A<B}=1$。

（3）只有当 $A_2 = B_2$ 时，再继续比较 A_1、B_1。

依次类推，直到所有的高位都相等时，才比较最低位，当各位都相等后，即 $A=B$，则输出 $F_{A=B}=1$。

这种从高位开始比较的方法要比从低位开始比较的方法速度快。

应用"级联输入"端可以扩展 74LS85 的功能。由功能表 2-18 的最后三行可看出，当

$A_3A_2A_1A_0=B_3B_2B_1B_0$时，比较的结果决定于"级联输入"端，这说明：当应用一块芯片来比较四位二进制数时，应使级联输入端的"$A=B$"端接 1，"$A>B$"端与"$A<B$"端都接 0，这样就能完整地比较出三种可能的结果；若要扩展比较位数时，可应用级联输入端作片间连接。

3. 集成比较器功能的扩展

串联方式扩展。例如，将两片四位比较器扩展为八位比较器。可以将两片芯片串联连接，即将低位芯片的输出端 $F_{A>B}$、$F_{A<B}$ 和 $F_{A=B}$ 分别去接高位芯片级联输入端的 $A>B$，$A<B$ 和 $A=B$，如图 2-45 所示。这样，当高四位都相等时，就可由低四位来决定两数的大小，即当 $A_7A_6A_5A_4=B_7B_6B_5B_4$ 时，左边（高位）芯片的输出由右边（低位）芯片的输出决定。

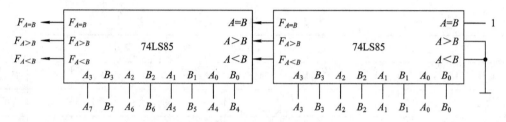

图 2-45 用串联方式扩展的八位比较器

并联方式扩展。当比较的位数较多，且速度要求较快时，可采用并联方式扩展。例如，使用五片四位比较器扩展为十六位比较器，可按图 2-46 连接。图 2-46 中将待比较的十六位二进制数分成四组，各组的四位比较是并行进行的，再将每组的比较结果输入到第五片四位比较器中进行比较，最后得出比较结果。这种方式从数据输入到输出只需要两倍的四位比较器的延迟时间，而如果采用串联方式，则需要四倍的四位比较器的延迟时间。

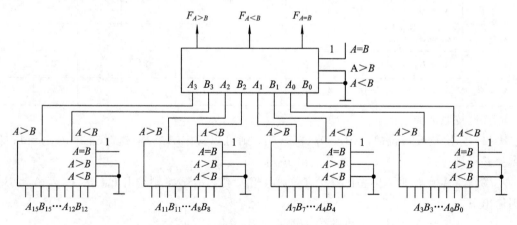

图 2-46 用并联方式扩展的十六位比较器

五、数据分配器

数据分配器是将一路输入变为多路输出的逻辑电路，又称为多路分配器（其逻辑符号见图 2-47(a)），其功能相当于单刀多位开关，示意图如图 2-47(b)所示。

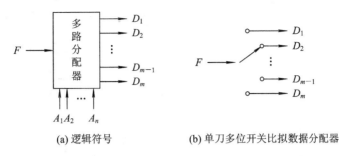

(a) 逻辑符号　　　　　　(b) 单刀多位开关比拟数据分配器

图 2-47　数据分配器

在集成电路中,数据分配器实际由译码器来实现,如图 2-48 所示。

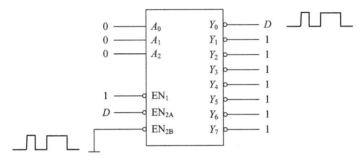

图 2-48　74LS138 用做数据分配器

六、数据选择器

数据选择器,即从一组输入数据选出其中需要的一个数据作为输出的过程叫做数据选择,具有数据选择功能的电路称为数据选择器。其示意图如图 2-49 所示。数据选择器常用 MUX 表示,其逻辑功能与数据分配器的逻辑功能相反,常用的有 4 选 1、8 选 1 和 16 选 1 等。

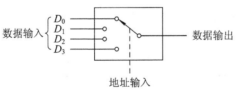

图 2-49　数据选择器示意图

一般地说,数据选择器的数据输入端数 M 和地址输入端数 N 成 $M=2^N$ 的关系,地址输入端确定 N 个二进制码(或称为地址变量),与地址变量对应的输入数据被传送到输出端。

1. 4 选 1 数据选择器

4 选 1 数据选择器有四个数据输入端(D_3、D_2、D_1、D_0)和两个地址输入端(A_1、A_0),一个数据输出端(F),另外附加一个使能(选通)端(E)。图 2-50(a)所示为 4 选 1 数据选择器逻辑符号图,图 2-50(b)为 4 选 1 数据选择器内部电路图。

根据 4 选 1 数据选择器的内部电路图,可写出其输出逻辑函数表达式,即

$$F=(\overline{A}_1\overline{A}_0 D_0+\overline{A}_1 A_0 D_1+A_1\overline{A}_0 D_2+A_1 A_0 D_3)\overline{E}$$

使能信号低电平有效,可得 4 选 1 数据选择器功能表,如表 2-19 所示。

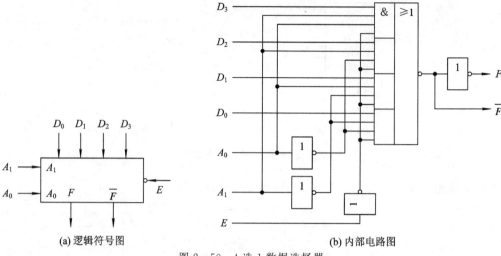

(a) 逻辑符号图　　　　　　　　　(b) 内部电路图

图 2-50　4 选 1 数据选择器

表 2-19　4 选 1 数据选择器功能表

地　　址		选　通	数　据	输　出
A_1	A_0	E	D	F
$\times$	$\times$	1	$\times$	0
0	0	0	$D_0 \sim D_3$	D_0
0	1	0	$D_0 \sim D_3$	D_1
1	0	0	$D_0 \sim D_3$	D_2
1	1	0	$D_0 \sim D_3$	D_3

2. 集成 8 选 1 数据选择器

74LS151 是具有 8 选 1 逻辑功能的 TTL 集成数据选择器，按要求从八路数据输入选择一路数据进行输出，74LS151 的功能表如表 2-20 所示。

表 2-20　74LS151 功能表

$\overline{E}$	A_2	A_1	A_0	Y	$\overline{Y}$
1	$\times$	$\times$	$\times$	0	1
0	0	0	0	D_0	$\overline{D}_0$
0	0	0	1	D_1	$\overline{D}_1$
0	0	1	0	D_2	$\overline{D}_2$
0	0	1	1	D_3	$\overline{D}_3$
0	1	0	0	D_4	$\overline{D}_4$
0	1	0	1	D_5	$\overline{D}_5$
0	1	1	0	D_6	$\overline{D}_6$
0	1	1	1	D_7	$\overline{D}_7$

市场上有很多集成数据选择器，常见的型号见表 2-21。

表 2-21 常见数据选择器

型 号	功 能 说 明
TTL 74LS150	16 选 1 数据选择/多路开关
TTL 74LS151	8 选 1 数据选择器
TTL 74LS153	双 4 选 1 数据选择器
TTL 74LS157	同相输出四 2 选 1 数据选择器
TTL 74LS158	反向输出四 2 选 1 数据选择器
TTL 74LS251	三态输出 8 选 1 数据选择器
TTL 74LS253	三态输出双 4 选 1 数据选择器
TTL 74LS257	三态原码四 2 选 1 数据选择器
TTL 74L258	三态反码四 2 选 1 数据选择器
TTL 74L352	双 4 选 1 数据选择器
TTL 74L353	三态输出双 4 选 1 数据选择器
CD4512	八路数据选择器
CD4539	双四路数据选择器

3. 数据选择器的应用

例 2.10 使用使能端进行功能扩展。将 4 选 1 数据选择器扩展为 8 选 1 数据选择器。

解 用二片 4 选 1 和一个非门、一个或门即可。如图 2-51 所示，第三个地址端 A_2 直接接到（Ⅰ）片的使能端，通过非门接到（Ⅱ）片的使能端。当 $A_2=0$ 时，（Ⅰ）选中，（Ⅱ）禁止，F 输出为 F_1，即从 $D_0 \sim D_3$ 中选一路输出；当 $A_2=1$ 时，（Ⅰ）禁止，（Ⅱ）选中，F 输出为 F_2，即从 $D_4 \sim D_7$ 中选一路输出，具体过程见表 2-22。

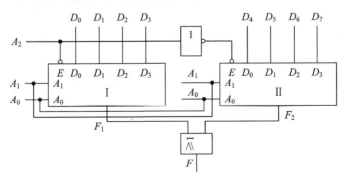

图 2-51 例 2.10 图

表 2 - 22　8 选 1 数据选择器功能表

（Ⅰ）片工作				（Ⅱ）片工作			
A_2	A_1	A_0	F	A_2	A_1	A_0	F
0	0	0	D_0	1	0	0	D_4
0	0	1	D_1	1	0	1	D_5
0	1	0	D_2	1	1	0	D_6
0	1	1	D_3	1	1	1	D_7

数据选择器除了用来选择输出信号，实现时分多路通信外，还可以作为函数发生器，用来实现组合逻辑电路。实现的方法有代数法和卡诺图法。

（1）代数法：由 4 选 1 数据选择器的输出公式

$$F = \overline{A}_1\overline{A}_0 D_0 + \overline{A}_1 A_0 D_1 + A_1\overline{A}_0 D_2 + A_1 A_0 D_3$$

$$= \sum_{i=0}^{3} D_i m_i \ (m_i \ 为 \ A_1 、 A_0 \ 组成的最小项)$$

可以看出，对应 $A_1 A_0$ 的每一种组合都对应有一个输入 D_i。如果把输入 D_i 作为 $A_1 A_0$ 的每一种组合的输出值（0 或 1），则这个 4 选 1 数据选择器正好实现逻辑函数 $F = f(A_1 A_0)$。如果数据输入端接入逻辑变量，则可扩大数据选择器实现逻辑函数的变量范围。这样，用数据选择器实现逻辑函数时，所做工作为：选择控制变量即地址变量 A_i，确定加至每个数据输入端 D_i 的值。

例 2.11　试用 8 选 1 数据选择器 74LS151 实现逻辑函数：

$$Y = AB\overline{C} + \overline{A}BC + \overline{A}\,\overline{B}$$

解　把逻辑函数变换成最小项表达式：

$$Y = AB\overline{C} + \overline{A}BC + \overline{A}\,\overline{B}$$

$$= AB\overline{C} + \overline{A}BC + \overline{A}\,\overline{B}C + \overline{A}\,\overline{B}\,\overline{C}$$

$$= m_0 + m_1 + m_3 + m_6$$

8 选 1 数据选择器的输出逻辑函数表达式为

$$Y = \overline{A}_2\overline{A}_1\overline{A}_0 D_0 + \overline{A}_2\overline{A}_1 A_0 D_1 + \overline{A}_2 A_1\overline{A}_0 D_2 + \overline{A}_2 A_1 A_0 D_3 + A_2\overline{A}_1\overline{A}_0 D_4 + A_2\overline{A}_1 A_0 D_5$$

$$+ A_2 A_1\overline{A}_0 D_6 + A_2 A_1 A_0 D_7$$

$$= m_0 D_0 + m_1 D_1 + m_2 D_2 + m_3 D_3 + m_4 D_4 + m_5 D_5 + m_6 D_6 + m_7 D_7$$

将式中 A_2、A_1、A_0 用 A、B、C 来代替，当 $D_0 = D_1 = D_3 = D_6 = 1$，$D_2 = D_4 = D_5 = D_7 = 0$ 时产生该逻辑函数，其逻辑图如图 2 - 52 所示。

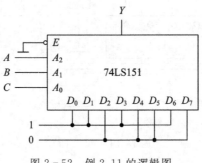

图 2 - 52　例 2.11 的逻辑图

（2）卡诺图法：首先选定地址变量，然后在卡诺图上确定地址变量控制范围，即输入数据区；然后由数据区确定每一数据输入端的连接。

例 2.12　用 4 选 1 数据选择器实现如下逻辑函数：

$$F(A, B, C, D) = \Sigma(0, 1, 5, 6, 7, 9, 10, 14, 15)$$

解　选地址 A_1A_0 变量为 AB，则变量 CD 将反映在数据输入端，如图 2-53 所示。

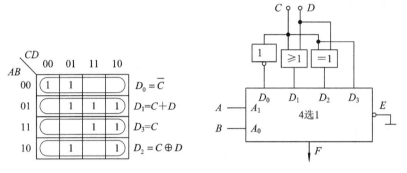

图 2-53　例 2.12 图

例 2.13　用 4 选 1 数据选择器实现三变量多数表决器。

解　三变量多数表决器功能表如表 2-23 所示。

表 2-23　例 2.13 功能表

A_2	A_1	A_0	F	D
0	0	0	0	D_0
0	0	1	0	D_1
0	1	0	0	D_2
0	1	1	1	D_3
1	0	0	0	D_4
1	0	1	1	D_5
1	1	0	1	D_6
1	1	1	1	D_7

由功能表得卡诺图如图 2-54 所示，选定 A_2，A_1 为地址变量。在控制范围内求得 D_i 数：$D_0 = 0$，$D_1 = A_0$，$D_2 = A_0$，$D_3 = 1$。电路如图 2-55 所示。

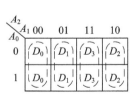

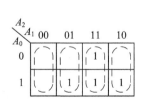

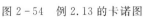

图 2-54　例 2.13 的卡诺图

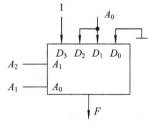

图 2-55　例 2.13 的电路图

2.2.5　组合电路中的竞争和冒险

一、产生竞争和冒险的原因

在组合逻辑电路中，若某个变量通过两条或两条以上途径到达同一逻辑门的输入端时，由于每条路径上的延迟时间不同，到达逻辑门的时间就有先有后，这种现象称为竞争。由于竞争，就有可能使真值表描述的逻辑关系受到短暂的破坏，在输出端产生错误结果，这种现象称为冒险。

二、冒险现象的判别

根据冒险现象产生的原因，可以得到如下结论：在组合逻辑电路中，是否存在冒险现象，可通过逻辑函数表达式来判断。若组合电路的输出逻辑函数表达式在一定条件下可简化成 $Y=A+\overline{A}$ 或 $Y=A\cdot\overline{A}$ 两种形式时，则该组合逻辑电路的输出端存在冒险现象。

例 2.14 试判别逻辑函数表达式 $Y=A\overline{B}+\overline{A}C+B\overline{C}$ 是否存在冒险现象。

解 由逻辑函数表达式可以看出 A、B、C 具有竞争能力；

当取 $A=1$、$C=0$ 时，$Y=B+\overline{B}$ 会出现冒险现象；

当取 $B=0$、$C=1$ 时，$Y=A+\overline{A}$ 会出现冒险现象；

当取 $A=B=1$ 时，$Y=C+\overline{C}$ 会出现冒险现象；

由分析可知，逻辑函数表达式 $Y=A\overline{B}+\overline{A}C+B\overline{C}$ 存在冒险现象。

三、冒险现象的消除

冒险现象对组合逻辑电路可能会产生错误动作，应该在实际电路中消除它。消除冒险现象的方法很多，常用的有以下几种：

（1）加封锁脉冲。在输入信号产生竞争冒险的时间内，引入一个脉冲将可能产生尖峰干扰脉冲的门封锁住。

（2）加选通脉冲。对输出可能产生尖峰干扰脉冲的门电路增加一个选通信号的输入端，只有在输入信号转换完成并稳定后，才引入选通脉冲将它打开，此时才允许有输出。

（3）接入滤波电容。

（4）修改逻辑设计，即在逻辑表达式中增加一个冗余项。例如，在例 2.14 中的逻辑表达式 $Y=A\overline{B}+\overline{A}C+B\overline{C}$ 中增加冗余项 $\overline{B}C$，则当 $B=0$，$C=1$ 时，$\overline{B}C=1$，因此可以消除冒险。

2.3 项目实施

2.3.1 组合逻辑电路的分析、设计测试训练

一、训练目的

（1）熟悉组合逻辑电路的分析方法。

（2）熟悉组合逻辑电路的设计方法。

（3）掌握组合逻辑电路的测试方法。

二、训练说明

在数字逻辑系统中，按逻辑功能的不同，可将数字逻辑电路分为两大类，即组合逻辑电路和时序逻辑电路。组合逻辑电路的特点是电路输出状态只与当前输入的逻辑值有关，而与之前的状态无关，组合电路通常由门电路组成。在实际工作中遇到的组合逻辑电路问题包括两种情况，即组合逻辑电路分析和组合逻辑电路设计。本次实验既要求对所给逻辑电路进行功能分析，又要求对给定组合逻辑功能进行电路设计，分析、设计的结果均要求进行测试验证。

组合逻辑电路分析过程如下：

由给定的组合逻辑电路图，写出输出端的函数表达式，并对函数式进行化简或变换；

根据最简式列出真值表；从真值表总结出逻辑功能；

用实验测试检验分析的正确性。

组合逻辑电路设计过程如下：

根据给定事件的因果关系列出真值表；根据真值表列函数表达式；

对函数式进行化简或变换；根据函数式画出相应的逻辑电路图；

用实验测试检验设计正确性。

三、训练内容

（1）分析测试图 2-56 所示组合电路的逻辑功能。

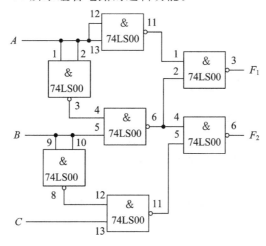

图 2-56　组合电路分析测试训练图

根据图 2-56 电路写输出端的函数表达式并化简。

$$F_1 =$$

$$F_2 =$$

根据函数表达式列出对应的真值表（见表 2-24）。

表 2-24　组合电路分析测试训练真值表

输　　入			输　　出	
A	B	C	F_1	F_2
0	0	0		
0	0	1		
0	1	0		
0	1	1		
1	0	0		
1	0	1		
1	1	0		
1	1	1		

对图 2-56 所示电路(或改进设计后的电路)进行测试验证,将测试结果与真值表进行比较。用两片 74LS00 组成图 2-56 所示的逻辑电路。为便于接线和检查,在图上要注明芯片编号及各引脚号;图中输入端 A、B、C 接电平开关,输出端 F_1、F_2 接电平显示器。按表 2-24 的要求,改变 A、B、C 的状态,测出 F_1、F_2 相应输出状态填入其中。将实验测试结果与运算结果进行比较。

(2) 设计一个三输入表决电路,要求多个输入为 1 时输出为 1,否则为 0。用 74LS00 实现。按规定步骤设计好组合逻辑电路,并对电路进行测试验证。

(3) 用最少的与非门组成一位全加器。用 74LS00 实现,按规定步骤设计好组合逻辑电路,并对电路进行测试验证。

2.3.2 译码器测试训练

一、训练目的

(1) 掌握中规模集成译码器的逻辑功能和使用方法。
(2) 实习 LED 数码管和拨码开关的使用。

二、训练说明

译码器是一个多输入,多输出的组合逻辑电路。其作用是对给定的代码进行"翻译",变成相应的状态,使输出通道中相应的一路有信号输出。译码器在数字系统中有广泛的应用,不但用于代码的转换,终端数字的显示,还用于数据分配,存储器寻址等。不同的功能可选用不同种类的译码器。

译码器可分为通用译码器和显示译码器两大类,通用译码器又可分为变量译码器和代码变换译码器。

1. 变量译码器

变量译码器(又称二进制译码器),用以表示输入变量状态,如 2 线-4 线、3 线-8 线和 4 线-16 线译码器。若有 N 个输入变量,则有 2^n 个不同的组合状态,就有 2^n 个输出端供其使用,而每个输出所代表的函数对应几个输入变量的最小项。

以 3-8 线译码器 74LS138 为例进行分析,图 2-57(a)、(b)分别为其逻辑图和引脚排列。

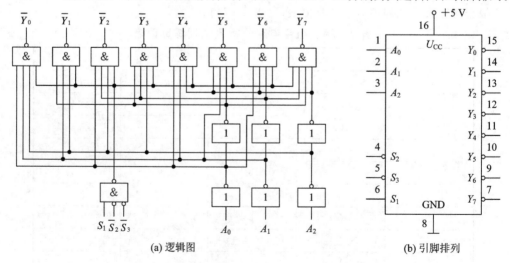

(a) 逻辑图   (b) 引脚排列

图 2-57 3-8 线译码器 74LS138 逻辑图及引脚排列

图中 A_2、A_1、A_0 为地址输入端，$Y_0 \sim Y_7$ 是译码输出端，S_1、S_2、S_3 是使能端。表 2-25 是 74LS138 功能表。当 $S_1=1$，$S_2+S_3=0$ 时，译码器使能端、地址码所指定的输出信号端有信号(为 0)输出，其他所有输出端均无信号(全为 1)输出。当 $S_1=0$，$S_2+S_3=\times$ 时或 $S_1=\times$，$S_2+S_3=1$ 时，译码器被禁止，所有输出同时为 1。

表 2-25 74LS138 功能表

输 入					输 出							
S_1	$\overline{S_2}+\overline{S_3}$	A_2	A_1	A_0	$\overline{Y_0}$	$\overline{Y_1}$	$\overline{Y_2}$	$\overline{Y_3}$	$\overline{Y_4}$	$\overline{Y_5}$	$\overline{Y_6}$	$\overline{Y_7}$
1	0	0	0	0	0	1	1	1	1	1	1	1
1	0	0	0	1	1	0	1	1	1	1	1	1
1	0	0	1	0	1	1	0	1	1	1	1	1
1	0	0	1	1	1	1	1	0	1	1	1	1
1	0	1	0	0	1	1	1	1	0	1	1	1
1	0	1	0	1	1	1	1	1	1	0	1	1
1	0	1	1	0	1	1	1	1	1	1	0	1
1	0	1	1	1	1	1	1	1	1	1	1	0
0	$\times$	$\times$	$\times$	$\times$	1	1	1	1	1	1	1	1
$\times$	1	$\times$	$\times$	$\times$	1	1	1	1	1	1	1	1

二进制译码器实际上也是负脉冲输出的脉冲分配器。若利用使能端的一个输入端输入数据信号，器件就成为一个数据分配器，如图 2-58 所示。若在 S_1 输入端输入数据信息，$S_2=S_3=0$ 地址码所对应的输出是 S_1 数据信息的反码；若从 S_2 端输入数据信息，$S_1=1$，$S_3=0$，地址码所对应的输出就是 S_2 端数据信息的原码。若数据信息是时钟脉冲，则数据分配器就成为时钟脉冲分配器。

二进制译码器能根据输入地址的不同组合而译出唯一地址，故二进制译码器也可作为地址译码器；如果接成多路分配器，又能将一个信号源的数据信息传输到不同的地点。

二进制译码器还能方便地实现逻辑函数，如图 2-59 所示电路，即可实现逻辑函数

$$Z=\overline{A}\,\overline{B}\,\overline{C}+\overline{A}B\overline{C}+A\overline{B}\overline{C}+ABC$$

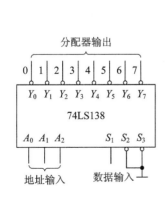

图 2-58 译码器作数据分配器

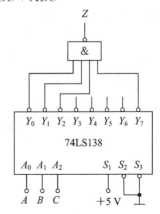

图 2-59 译码器实现逻辑函数

利用使能端还能方便地将两个 3 - 8 线译码器组合成 4 - 16 线译码器，如图 2 - 60 所示。

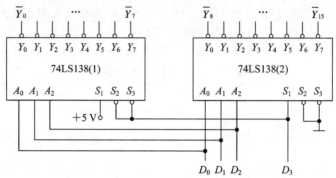

图 2 - 60　用两片 74LS138 组合成 4 - 16 线译码器

2. 数码显示译码器

1）七段发光二极管（LED）数码管

LED 数码器是目前最常用的数字显示器，图 2 - 61(a)、(b) 分别为共阴管和共阳管的内部电路，图 2 - 61(c) 为其对应的引脚排列。

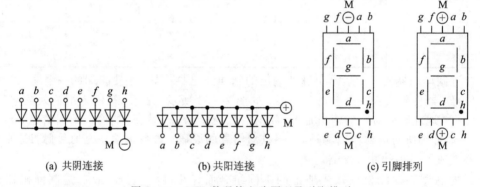

(a) 共阴连接　　　　(b) 共阳连接　　　　(c) 引脚排列

图 2 - 61　LED 数码管电路原理及引脚排列

一个 LED 数码管可以用来显示一位十进制数和一个小数点。小型数码管（0.5 寸和 0.36 寸）每段发光二极管的正向压降，随显示光的颜色不同有差别，通常约为 2 V～2.5 V，每个发光二极管的点亮电流在 5 mA～10 mA。

2）BCD 码七段译码器驱动器

LED 数码管要显示 BCD 码所表示的十进制数字就需要有专门的译码器，该译码器既要完成译码功能，还要有一定的驱动能力。

常用的七段译码器的型号有 74LS47（共阳），74LS48（共阳）及 CC4511（共阴）等多种型号。

图 2 - 62 为 CC4511 BCD 码锁存/七段译码/驱动器的引脚图。

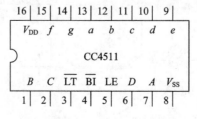

图 2 - 62　CC4511 引脚排列

表 2 - 26 为 CC4511 功能表。图 2 - 63 是 CC4511 与 LED 数码管的连接电路。

表 2 - 26 CC4511 功能表

输入							输出							
LE	$\overline{BI}$	$\overline{LT}$	D	C	B	A	a	b	c	d	e	f	g	显示字形
×	×	0	×	×	×	×	1	1	1	1	1	1	1	8
×	0	1	×	×	×	×	0	0	0	0	0	0	0	消隐
0	1	1	0	0	0	0	1	1	1	1	1	1	0	0
0	1	1	0	0	0	1	0	1	1	0	0	0	0	1
0	1	1	0	0	1	0	1	1	0	1	1	0	1	2
0	1	1	0	0	1	1	1	1	1	1	0	0	1	3
0	1	1	0	1	0	0	0	1	1	0	0	1	1	4
0	1	1	0	1	0	1	1	0	1	1	0	1	1	5
0	1	1	0	1	1	0	0	0	1	1	1	1	1	6
0	1	1	0	1	1	1	1	1	1	0	0	0	0	7
0	1	1	1	0	0	0	1	1	1	1	1	1	1	8
0	1	1	1	0	0	1	1	1	1	0	0	1	1	9
0	1	1	1	0	1	0	0	0	0	0	0	0	0	消隐
0	1	1	1	0	1	1	0	0	0	0	0	0	0	消隐
0	1	1	1	1	0	0	0	0	0	0	0	0	0	消隐
0	1	1	1	1	0	1	0	0	0	0	0	0	0	消隐
0	1	1	1	1	1	0	0	0	0	0	0	0	0	消隐
0	1	1	1	1	1	1	0	0	0	0	0	0	0	消隐
1	1	1	×	×	×	×	锁 存							锁存

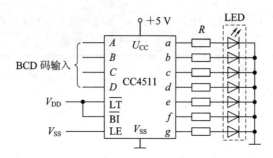

图 2-63　CC4511 驱动一位 LED 数码管

　　DZX-1 型电子学综合测试训练台上装置的 6 位 LED 译码显示器已完成了译码器和数码管的连接，其所用的译码器电路为使用 GAL 器件（GAL16V8）实现的十六进制译码器，它和 CC4511 功能的不同之处是当输入码为 1001～1111 时，数码管对应显示字母 A、B、C、D、E。实验时，只要接通 +5 V 电源并将 BCD 码输入到译码器相应的输入端即可，六位数码管可接受六组 BCD 码输入。

三、训练内容

1. 数据拨码开关及七段译码显示器的使用

　　数据拨码开关是一种编码器件，能将十进制数字转换成对应的 BCD 码输出。实验时，将实验台上六组拨码开关的输出 A、B、C、D，分别接至 6 组译码显示器的对应输入端，按动各个数码的增减（"+"与"-"）键，观察键盘上的六位数字与 LED 数码管显示的数字是不是对应一致的，如图 2-64 所示。

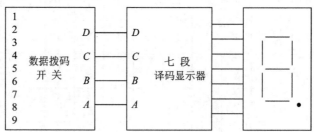

图 2-64　拨码开关及七段译码显示器的连接

2. 74LS138 译码器逻辑功能测试

　　将译码器使能端 S_1、S_2、S_3 及地址端 A_2、A_1、A_0 分别接到逻辑电平开关插孔，八个输出端 $Y_7 \sim Y_0$ 依次连接到逻辑电平显示器的八个输入插孔上，拨动逻辑电平开关，按表 2-25 测试 74LS138 的逻辑功能。

3. 用 74LS138 构成时序脉冲分配器

　　参照图 2-58 和实验原理说明，时钟脉冲 CP 频率约为 1 kHz，要求分配器输出端 $Y_0 \sim Y_7$ 的信号与 CP 输入信号同相。

　　画出分配器的实验电路，用示波器观察和记录在地址端 A_2、A_1、A_0 分别取 000～111 不同状态时 $Y_0 \sim Y_7$ 端的输出波形，注意输出波形与 CP 输入波形之间的相位关系。

4. 用两片 74LS138 组合成一个 4 线-16 线译码器

　　画出接线图，列出真值表，并测试其逻辑功能。

2.3.3 数据选择器测试训练

一、训练目的

(1) 熟悉数据选择器的工作原理和逻辑功能。

(2) 掌握数据选择器的典型应用。

二、训练说明

数据选择器是一种多输入、单输出的组合逻辑电路，根据地址端输入信号的不同组合（即地址码），从几个输入数据中选择一个并将其送到一个公共的输出端。

集成数据选择器的规格有一位、两位和四位数据选择器：一位的有 8 选 1 及 16 选 1 数据选择器；两位的有双 4 选 1 数据选择器；四位的有四 2 选 1 及四 3 选 1 数据选择器等。使用中常采用级联的方法来扩展数据选择器的输入端，如将 4 选 1 数据选择器扩展为 8 选 1 数据选择器。

数据选择器的用途很多，如多通道传输，数码比较，并行码转换为串行码以及实现逻辑函数等。

本次训练中使用的是 4 选 1 数据选择器 74LS153，其示意图见图 2 - 65，真值表见表 2 - 27。

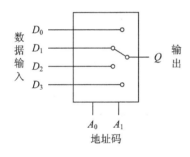

图 2 - 65 4 选 1 数据选择器示意图

表 2 - 27 74LS153 的真值表

输 入			输 出
$\overline{S}$	A_1	A_0	Q
1	×	×	0
0	0	0	D_0
0	0	1	D_1
0	1	0	D_2
0	1	1	D_3

三、训练内容

1. 测试双 4 选 1 数据选择器 74LS153 的逻辑功能

测试电路见图 2 - 65。测试时选数据选择器其中一个输入端，将其选通端接地或 0 电平，四个数据输入端 D_0、D_1、D_2、D_3 和地址端 A_1、A_0 接逻辑电平开关，输出端 Q 接逻辑电平显示器；另一个数据选择器的输入端全部接 1 电平或 U_{cc}。使地址端 A_1、A_0 依次取值，并对每一组取值依次拨动四个数据输入开关，对照表 2 - 27，观察输出情况。给四个数据输入端 D_0、D_1、D_2、D_3 同时输入不同频率的连续脉冲信号（如连续脉冲源的 Q_4、Q_5、Q_6、Q_7），使地址端 A_1、A_0 依次取值，同时用示波器观察输出端波形，并记录信号频率。

2. 用双 4 选 1 数据选择器实现 8 选 1 的逻辑功能

利用 1 片双 4 选 1 数据选择器 74LS153 和 1 片四 2 输入与非门 74LS00 可组成 8 选 1 的数据选择器，要求自拟实验电路和测试表格，并参照 1 的内容进行测试。

3. 用双 4 选 1 数据选择器 74LS153 组成三变量多数表决器

要求写出设计过程并画出电路图，在实验台上测试验证逻辑功能。

4. 用 74LS153 实现逻辑函数

用 74LS153 和门电路实现逻辑函数 $F=ABC+AB+AC$，实验要求同 3。

2.3.4 项目操作指导

一、项目装配准备

(1) 制作工具与仪器准备。

(2) 电路安装方案设计。

(3) 电路装配线路板设计。

(4) 元器件检测。

二、项目电路调试

项目电路如图 2-2 所示。

将检验合格的元器件安装在万用板或印制电路板上。调试步骤如下：

(1) 仔细检查，核对电路与元器件，确认无误后加入规定的+5 V 直流电压；

(2) 通电后，虽然编码器输出为 1，但 CC4511 具有灭零功能，所以数码管无显示；

(3) 当按下 $S_0 \sim S_7$ 中的一个或几个开关时，则数码管将按编码器的优先级别显示相应的数字，例如，同时按下 S_0、S_5、S_7，则数码管显示数字"7"。

三、项目电路的故障分析与排除

当电路不能完成预期的逻辑功能时，就说明电路有故障，产生故障的原因大致可以归纳为以下四个方面：操作不当(如不限错误等)、设计不当、元器件使用不当或功能不正常，以及仪器(主要指数字电路试验箱)出现故障。

在检查所有元器件(编码器、译码器、数码管等)都完好的情况下，将元器件焊接在电路板上，验证其功能，若电路不能正常工作，则需要查找故障，通常有以下几种故障：

- 通电后，按下逻辑电平开关，数码管没有任何显示；
- 通电后，按下电平开关，数码管的显示不正确；
- 通电后，按下逻辑电平开关，数码管的显示不稳定，

其他故障现象这里就不一一列举了。

一般从以下几点查找电路故障(前提是元器件都是好的，那么电路肯定有问题)：

(1) 检查电源：可能是电源和地的原因，电源和地一定不能短路，并且检查电源是否为标准的+5V，每个芯片的电源是否接上，各个接地点是否可靠接地。

(2) 检查开关：若电源没有问题，查看逻辑电平开关在断开时，应该输入 TTL 高电平"1"，逻辑开关按下后应该输入 TTL 低电平"0"，倘若不是，则开关接错。

(3) 检查 74LS148：前步无误后，逐个按下逻辑电平开关，查看编码器的输出是否正确。比如按下 S_0，则 74LS148 的输入端只有 $\bar{I}_0$ 为低电平，$\bar{I}_1 \sim \bar{I}_7$ 应该为高电平，输出 $\bar{Y}_2 \bar{Y}_1 \bar{Y}_0$ 应该均为高电平，倘若不符合真值表，则查看芯片的连接是否有误，焊接是否合格，或者用一个好的 74LS148 来替代等方法确定故障原因。

(4) 检查反相器 IC2：前面检查无误后，改变对应 74LS148 输出端 $\bar{Y}_2 \bar{Y}_1 \bar{Y}_0$ 的电平来查看反相器能否正常反相工作。

(5) 检查 CC4511：改变反相器 IC2 的输入，送给 CC4511，查看数码管的显示是否正确，倘若不正确，依据 CC4511 的真值表查看 CC4511，并且是否与数码管正确连接。

（6）检查焊接故障：包括电路虚焊、错焊、漏焊等。

① 虚焊：虚焊表现为焊点质量非常差，是所有故障中最难查找的，表现为电路有时正常，有时不正常，这个时候需要用电烙铁逐个修补那些焊得不好的焊点。

② 错焊：错焊包括电路短路、断路以及焊接错误等，通常电路表现为不正常工作，可以依据电路图逐个找到故障点。

③ 漏焊：这时电路也表现为不正常工作，可以依据电路图查看哪条线路漏焊，补焊即可。

总之，检查故障需要依据电路工作原理一步一步发现问题所在，耐心细致地找到问题症结所在。需要强调的是，经验对于故障检查是大有帮助的，但只要充分掌握基本理论和原理，就不难用逻辑思维的方法较好地判断和排除故障。

2.4　项目总结

组合逻辑电路的应用极为广泛，其特点是接收二进制代码输入并产生新的二进制代码输出，任意时刻的逻辑输出仅由当前的逻辑输入状态决定。输入、输出逻辑关系遵循逻辑函数的运算法则。

组合逻辑电路的分析是根据已知组合电路图，写出输出函数的最简单逻辑表达式，列出真值表，分析逻辑功能，而组合逻辑电路的设计则是分析的逆过程。

常用组合逻辑电路有加法器、译码器、编码器、数据选择器等，TTL 系列和 CMOS 系列的中规模集成电路中都有包含这些功能的产品，可按需要选用。由于组合逻辑电路应用的广泛性和系列产品的多样性，熟悉一些常用组合逻辑电路的功能、结构特点及工作原理是十分必要的，这对于正确、合理使用这些集成电路是十分有用的。

编码是用若干位二进制代码来表示某种信息的过程，完成这一功能的电路称为编码器，常用的编码器有二进制编码器和二-十进制编码器等。

译码是编码的逆过程，是将输入的一组二进制代码译成与之对应的信号输出。译码器是完成这一功能的电路，有通用译码器和显示译码器。

半加器是只进行两个同位的二进制数相加，而不考虑低位向该位进位的加法器，全加器则是能完成两个同位的二进制数及低位进位的加法器。

数据选择器则常用 MUX 表示，具有从一组输入数据中选择其中一个数据传送到其输出端的功能。

练习与提高 2

一、填空题

1. 组合逻辑电路的特点是输出状态只与＿＿＿＿＿＿＿，与电路的原状态＿＿＿＿，其基本单元电路是＿＿＿＿＿＿。

2. 半导体数码显示器的内部接法有两种形式：共＿＿＿＿接法和＿＿＿＿接法。

3. 对于共阳极接法的发光二极管数码显示器，应采用＿＿＿电平驱动七段显示译码器。

4. 8421BCD 编码器有 10 个输入端，_____个输出端，它能将十进制数转换为_____代码。

二、判断题

1. TTL 集成与非门的多余输入端可以接固定高电平。 （   ）

2. 当 TTL 集成与非门的输入端悬空时相当于输入为逻辑 1。 （   ）

3. 优先编码器的编码信号是相互排斥的，不允许多个编码信号同时有效。 （   ）

4. 编码与译码是互逆的过程。 （   ）

5. 二进制译码器相当于一个最小项发生器，便于实际组合逻辑电路。 （   ）

6. 液晶显示器的优点是功耗极小，工作电压低。 （   ）

7. 共阴极接法的发光二极管数码显示器需选用有效输出为高电平的七段显示译码器来驱动。 （   ）

8. 数据选择器和数据分配器的功能正好相反，互为逆过程。 （   ）

三、选择题(可多选)

1. 对于 TTL 集成与非门闲置输入端的处理，可以_____。

A. 接电源 B. 通过 3 kΩ 电阻接地

C. 接地 D. 与有用输入端并联

2. 若在编码器中有 50 个编码输入对象，则要求输出二进制代码的位数为_____位。

A. 5 B. 6 C. 10 D. 50

3. 一个 16 选 1 的数据选择器，其地址输入(选择控制输入)端的对象有____个。

A. 1 B. 2 C. 4 D. 16

4. 4 选 1 数据选择器的数据输出 Y 与数据输入 X_i 和地址码 A_i 之间的逻辑函数表达式为 $Y=$_____。

A. $\overline{A_1}\,\overline{A_0}X_0+\overline{A_1}A_0X_1+A_1\overline{A_0}X_2+A_1A_0X_3$ B. $\overline{A_1}\,\overline{A_0}X_0$

C. $\overline{A_1}A_0X_1$ D. $A_1A_0X_3$

5. 一个 8 选 1 数据选择器的输入端有____个。

A. 1 B. 2 C. 3 D. 4 E. 8

6. 在下列逻辑电路中，不是组合逻辑电路的有_____。

A. 译码器 B. 编码器 C. 全加器 D. 寄存器

7. 用 3 线-8 线译码器 74LS138 实现原码输出的 8 路数据分配器，应_____。

A. $EN_1=1$, $\overline{EN_{2A}}=D$, $\overline{EN_{2B}}=0$ B. $EN_1=1$, $\overline{EN_{2A}}=D$, $\overline{EN_{2B}}=D$

C. $EN_1=1$, $\overline{EN_{2A}}=0$, $\overline{EN_{2B}}=D$ D. $EN_1=D$, $\overline{EN_{2A}}=0$, $\overline{EN_{2B}}=0$

8. 用 4 选 1 数据选择器实现逻辑函数 $Y=A_1A_0+\overline{A_1}A_0$，应使_____。

A. $D_0=D_2=0$, $D_1=D_3=1$ B. $D_0=D_2=1$, $D_1=D_3=0$

C. $D_0=D_1=0$, $D_2=D_3=1$ D. $D_0=D_1=1$, $D_2=D_3=0$

9. 用 3 线-8 线译码器 74LS138 和辅助门电路实现逻辑函数 $Y(A_3,A_2,A_1)=A_3+\overline{A_2}$，应_____。

A. 用与非门，$Y=\overline{\overline{Y_0}\,\overline{Y_1}\,\overline{Y_4}\,\overline{Y_5}\,\overline{Y_6}\,\overline{Y_7}}$

B. 用与门，$Y=\overline{Y_2}\,\overline{Y_3}$

C. 用或门，$Y = \overline{Y_2} + \overline{Y_3}$

D. 用或门，$Y = \overline{Y_0} + \overline{Y_1} + \overline{Y_4} + \overline{Y_5} + \overline{Y_6} + \overline{Y_7}$

10. 译码器的输出是_____。

A. 二进制代码　　　　B. 二进制数　　　　C. 特定含义的逻辑信号

11. 完成二进制代码转换为十进制数应选择_____。

A. 译码器　　　　　　B. 编码器　　　　　C. 一般组合逻辑电路

12. 若 4 线-10 线译码器的输出状态只输出 $\overline{Y_2} = 0$，其余输出均为 1，则它的输入状态为 _____。

A. 0100　　　　　　B. 1011　　　　　　C. 1101　　　　　　D. 0010

四、分析计算题

1. 某设备有开关 A、B、C，要求：只有开关 A 接通的条件下，开关 B 才能接通；开关 C 只有在开关 B 接通的条件下才能接通。违反这一规程，则发出报警信号。设计一个由与非门组成的能实现这一功能的报警控制电路。

2. 为提高报警信号的可靠性，在有关部位安置了 3 个同类型的危险报警器，只有当 3 个危险报警器中至少有两个指示危险时，才实现关机操作。试画出具有该功能的逻辑电路。

3. 如题图 2-1 所示电路，当输入取何值时，输出为高电平？

4. 试用题图 2-2 所示的与或非门实现下列函数。

(1) $F_1 = \overline{A}$　　(2) $F_2 = \overline{AB}$　　(3) $F_3 = \overline{A+B}$　　(4) $F_4 = A \oplus B$

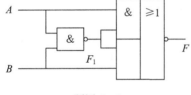 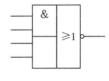

题图 2-1　　　　　　　　　　　　　　题图 2-2

5. 已知函数逻辑表达式为 $L = BC + A\overline{BCD} + D\overline{B} + \overline{C}D$，试将它改为与非表达式，并画出双输入与非门构成的逻辑图。

6. 可否将与非门、或非门、异或门当作反相器使用？如果可以，其输入端应如何处理并画出电路图。

7. 分析题图 2-3 所示组合逻辑电路的逻辑功能，写出函数表达式，列出真值表。

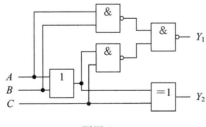

题图 2-3

8. 分析题图 2-4 所示电路的逻辑功能，写出 Y_1、Y_2 的逻辑函数式，列出真值表，指出电路完成什么逻辑功能。

9. 在题图 2-5 所示的电路中，74LS138 是 3 线-8 线译码器。试写出输出 L_1、L_2 的逻辑函数表达式。

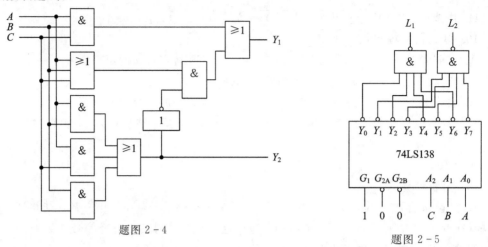

题图 2 - 4

题图 2 - 5

10. 组合逻辑电路如题图 2 - 6 所示,试分析各电路的逻辑功能并检验其电路是否合理,最后请用与非门实现图示各电路功能。

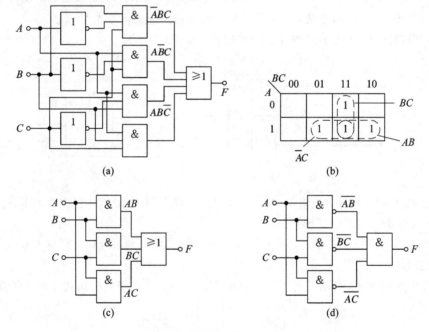

题图 2 - 6

五、设计题

1. 某工厂有 A、B、C、D 四台设备,每台设备用电均为 10 kW,它们有 F 和 G 两台发电机组供电。F 发电机组的功率为 10 kW,G 发电机组的功率为 20 kW;四台设备不可能同时工作,但同时至少有一台工作。设计供电控制电路,既能保证设备正常工作,又节约用电。

2. 用最少的与非门实现两变量的异或运算。(用 74LS00 或 CC4511)

项目三　四路竞赛抢答器的制作与调试

知识目标：

(1) 了解触发器的分类及特点。

(2) 掌握 RS、JK、D、T 等触发器的逻辑功能。

(3) 掌握各种触发器之间的相互转换。

(4) 了解触发器的触发形式。

(5) 掌握不同触发形式的触发器符号与特点。

能力目标：

(1) 了解数字集成电路资料查阅、识别与选取的方法。

(2) 掌握各种触发器电路的测试方法。

(3) 了解数字电路的故障检测方法。

(4) 能分析触发器应用电路的工作原理。

(5) 能对触发器应用电路进行安装、测试与故障排除。

3.1　项　目　描　述

触发器是构成时序逻辑电路必不可少的基本单元电路，在数字信号的产生、变换、存储、控制等方面有着广泛的应用。触发器是具有记忆功能的单元电路，由门电路构成，能够存储 1 位二进制代码。触发器按工作状态分为双稳态、单稳态和无稳态触发器(多谐振荡器)等。

本项目所介绍的是双稳态触发器，其输出有两个稳定状态 0 和 1。只有输入触发信号有效时，输出才有可能转换；否则输出将保持不变。

双稳态触发器按功能分为 RS、JK、D、T 等触发器；按结构分为基本、同步、主从、维持阻塞和边沿型触发器；按触发工作方式分为上升沿、下降沿触发器和高电平、低电平触发器。

本项目就是通过制作四路竞赛抢答器，来掌握触发器的特点和应用。

3.1.1　项目学习情境：四路竞赛抢答器的制作与调试

图 3-1 所示为四路竞赛抢答器的整体结构图。该项目需要完成的主要任务有：① 熟悉电路各元器件的作用；② 查阅芯片 74LS373 的功能及应用；③ 进行电路元器件的安装；④ 进行电路参数的测试与调整；⑤ 撰写电路制作报告。

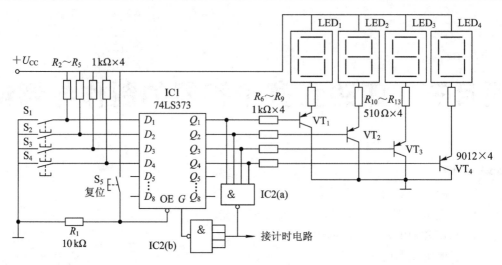

图 3 - 1　四路竞赛抢答器的整体结构图

3.1.2　电路分析与电路元器件参数及功能

一、电路分析

如图 3 - 1 所示电路，当 74LS373 的 $D_1 \sim D_4$ 为高电平，$Q_1 \sim Q_4$ 也为高电平时，各数码管不亮。当某抢答者按下自己的按键（例如按下 S_1）时，则 $D_1 = 0$，$Q_1 = 0$，三极管 VT_1 导通，数码管 LED_1 显示"1"，表示第一路抢答成功。

同时，当 $Q_1 = 0$ 时，与非门 IC2(a) 的输出为 1，此时 IC2(b) 的输入端均为 1，故输出 0 电平到 74LS373 的 G 端，使电路进入保持状态，其他各路的抢答不再生效。因此，该电路不会出现两人同时获得抢答优先权。当裁判确认抢答者后，按下复位按钮（S_5），IC2(b) 输出高电平，因 $S_1 \sim S_4$ 无键按下，$D_1 \sim D_4$ 均为高电平，$Q_1 \sim Q_4$ 也都为高电平，电路恢复初始状态，数码管熄灭，准备接受下一次抢答。IC2(a) 的输出端还可接计时电路。

二、电路元器件参数及功能

四路竞赛抢答器电路元器件参数及功能如表 3 - 1 所示。

表 3 - 1　四路竞赛抢答器电路元器件参数及功能

序号	元器件代号	名　称	型号及参数	功　能
1	IC1	八 D 锁存器	74LS373	锁存抢答信号
2	IC2	二 4 输入与非门	CD4012	反馈抢答信号
3	R_1	碳膜电阻	1/8W—10 kΩ	限流保护，避免电源短路
4	$R_2 \sim R_5$	碳膜电阻	1/8W—1 kΩ	限流保护，避免电源短路
5	$R_6 \sim R_9$	碳膜电阻	1/8W—1 kΩ	限流保护三极管
6	$R_{10} \sim R_{13}$	碳膜电阻	1/8W—510Ω	限流保护数码管
7	S_5	按钮开关	6.3×6.3	主持人复位开关
8	$S_1 \sim S_4$	按钮开关	6.3×6.3	抢答开关
9	$LED_1 \sim LED_4$	共阳极数码管	ULS—5101AS	显示抢答者号码
10	$VT_1 \sim VT_4$	三极管	9012	驱动数码管

3.2　知　识　链　接

3.2.1　RS 触发器

一、基本 RS 触发器

1. 电路组成

基本 RS 触发器是一种最简单的触发器,是构成各种触发器的基础。基本 RS 触发器是将两个与非门的输入和输出端交叉连接而构成的,其逻辑图和逻辑符号如图 3-2 所示。

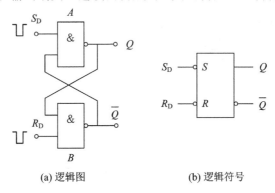

(a) 逻辑图　　　　　　(b) 逻辑符号

图 3-2　基本 RS 触发器

基本 RS 触发器有两个输入端 R_D 和 S_D,还有一对互补的输出端 Q 和 $\overline{Q}$。R_D 称为复位端,当 R_D 有效时,Q 端变为 0,故也称 R_D 为置"0"端;S_D 称为触发端,当 S_D 有效时,Q 端变为 1,故也称 S_D 为置"1"端。实际工作中把 Q 端的状态规定为触发器的状态,当 $Q=1$、$\overline{Q}=0$ 时,称为置位状态或称触发器处于"1"态;当 $Q=0$、$\overline{Q}=1$ 时,称为复位状态或称触发器处于"0"态。

2. 功能分析

触发器有两个稳定状态,Q^n 为触发器的原状态(现态),即触发信号输入前的状态;Q^{n+1} 为触发器的新状态(次态),即触发信号输入后的状态。触发器的功能可采用状态表、特征方程、逻辑符号图以及状态转换图等来描述。下面分析基本 RS 触发器的功能。

基本 RS 触发器的逻辑图如图 3-2(a)所示,由图可知,

$$Q^{n+1} = \overline{S_D \, \overline{Q^n}}$$
$$\overline{Q^{n+1}} = \overline{R_D Q^n}$$

(1) 当 $R_D=0$、$S_D=1$ 时,无论 Q^n 为何种状态,$Q^{n+1}=0$,触发器置 0。

(2) 当 $R_D=1$、$S_D=0$ 时,无论 Q^n 为何种状态,$Q^{n+1}=1$,触发器置 1。

(3) 当 $R_D=1$、$S_D=1$ 时,由 Q^{n+1} 及 $\overline{Q^{n+1}}$ 关系式可知,触发器将保持原态不变。即原来状态被存储起来,体现了触发器的记忆作用。

(4) 当 $R_D=0$、$S_D=0$ 时,两个与非门的输出 Q^{n+1} 与 $\overline{Q^{n+1}}$ 全为 1,破坏了触发器的互补输出关系,是不定状态,应避免出现。

分析可知,由与非门构成的基本 RS 触发器的功能表如表 3-2 所示。

表 3 - 2　基本 RS 触发器的功能表

R	S	Q^{n+1}	功能
0	0	$\times$	不定
0	1	0	置 0
1	0	1	置 1
1	1	Q^n	保持

3. 特性分析

1) 真值表与状态表

根据功能分析得如表 3 - 3 所示的真值表，将真值表转换成表 3 - 4 的形式，即状态表。

表 3 - 3　基本 RS 触发器的真值表

R_D	S_D	Q^n	Q^{n+1}	说明
0	0	0	$\times$	禁止
0	0	1	$\times$	
0	1	0	0	置 0
0	1	1	0	$Q^{n+1}=0$
1	0	0	1	置 1
1	0	1	1	$Q^{n+1}=1$
1	1	0	0	保持
1	1	1	1	$Q^{n+1}=Q^n$

表 3 - 4　基本 RS 触发器的状态表

Q^{n+1} ╲ $R_D S_D$ ╲ Q^n	00	01	11	10
0	$\times$	0	0	1
1	$\times$	0	1	1

2) 特征方程

特征方程也称状态方程，是描述触发器逻辑功能的函数表达式。由状态表可画出基本 RS 触发器的卡诺图，如图 3 - 3 所示。根据卡诺图可得 Q^{n+1} 的函数表达式，即基本 RS 触发器的特征方程为

$$Q^{n+1}=\overline{S}_D + R_D Q^n$$

$$\overline{R}_D \overline{S}_D = 0 (约束条件)$$

约束条件规定了 R_D、S_D 不能同时为"0"。

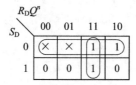

图 3 - 3　基本 RS 触发器的卡诺图

3) 状态转换图

每个触发器只能存储一位二进制代码，所以其输出只有 0 和 1 两个状态。状态转换图(简称状态图)是以图形的方式来描述触发器状态转换规律的。基本 RS 触发器的状态图如图 3 - 4 所示。图中圆圈表示状态的个数，箭头表示状态转换的方向，箭头线上标注的是表示状态转换条件的触发信号取值组合。

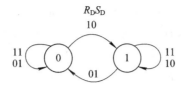

图 3-4　基本 RS 触发器的状态图

综上所述，基本 RS 触发器具有如下特点：

（1）具有两个稳定的工作状态，分别为 1 和 0，属于双稳态触发器。如果没有外加触发信号作用，它将保持原状态不变，触发器具有记忆作用，在外加触发信号作用下，触发器输出状态才可能发生变化，输出状态接受输入信号的控制，也称其为直接复位-置位触发器。

（2）当 R_D、S_D 端输入均为低电平时，输出状态不定，违反了互补输出关系，应避免出现。

二、同步 RS 触发器

在数字系统中，常常要求某些触发器按一定节拍同步动作，以取得系统的协调。为此，产生了由时钟信号 CP 控制的触发器（又称钟控触发器），这种触发器的输出在 CP 信号有效时才根据输入信号改变状态，故称同步触发器。常用的同步触发器有 RS、JK、D、T 等触发器，下面介绍同步 RS 触发器。

1．电路组成

同步 RS 触发器的逻辑图和逻辑符号分别如图 3-5(a)、(b)所示。它由四个与非门组成，其中与非门 A 和 B 构成基本 RS 触发器，与非门 C 和 D 构成导引控制电路。图 3-5(a)中：CP 是时钟脉冲控制信号输入端，时钟脉冲由此输入（时钟脉冲是一个等间隔、波形较窄的正脉冲系列，通过导引电路来实现时钟脉冲对输入端 R 和 S 的控制，故又称为钟控 RS 触发器）。S_D、R_D 端是直接置位和直接复位端，即不经过时钟脉冲控制对基本 RS 触发器直接置位或复位；S 端、R 端是信号输入端。在工作之初，若使触发器处于某一指定状态，可在 S_D 或 R_D 端输入一负脉冲。在触发器工作期间不需直接置位、复位时，S_D、R_D 端处于高电平，即处于"1"态。

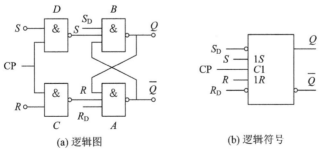

(a) 逻辑图　　　　　　　(b) 逻辑符号

图 3-5　同步 RS 触发器

2．功能分析

（1）当 CP=0 时，导引门关闭，输入信号不能通过导引门，C 门和 D 门输出均为 1，由基本 RS 触发器原理可知，此时输出保持原状态不变，即 $Q^{n+1}=Q^n$。

（2）当 CP=1 时，触发器的状态将随输入信号 R、S 而改变。由于同步 RS 触发器与基本 RS 触发器的输入信号对应相反，因此它们的逻辑功能必定相反，其逻辑功能如下：

① 当 $R=0$、$S=1$ 时，即 $R'=1$、$S'=0$，无论 Q^n 为何种状态，$Q^{n+1}=1$，置 1。

② 当 $R=1$、$S=0$ 时，即 $R'=0$、$S'=1$，无论 Q^n 为何种状态，$Q^{n+1}=0$，置 0。

③ 当 $R=0$、$S=0$ 时，即 $R'=1$、$S'=1$，由 Q^{n+1} 及 $\overline{Q^{n+1}}$ 关系式可知，触发器将保持原状态不变，即原来状态被存储起来，体现了触发器的记忆作用。

④ 当 $R=1$、$S=1$ 时，即 $R'=0$、$S'=0$，两个与非门的输出 Q^{n+1} 与 $\overline{Q^{n+1}}$ 全为 1，破坏了触发器的互补输出关系，是不定状态，应当避免出现。

3．特性分析

1）真值表与状态表

同步 RS 触发器的状态表和真值表分别如表 3-5 和表 3-6 所示。

表 3-5　同步 RS 触发器的状态表

Q^n \ RS	Q^{n+1}			
	00	01	11	10
0	0	1	×	0
1	1	1	×	0

表 3-6　基本 RS 触发器的真值表

R_D	S_D	Q^n	Q^{n+1}	说明
0	0	0	0	保持
0	0	1	1	$Q^{n+1}=Q^n$
0	1	0	1	置 1
0	1	1	1	$Q^{n+1}=1$
1	0	0	0	置 0
1	0	1	0	$Q^{n+1}=0$
1	1	0	×	禁止
1	1	1	×	

2）特征方程

根据状态表，可求出同步 RS 触发器的特征方程。考虑 $R=S=1$ 时，状态不定，故应禁止这种输入，即

$$Q^{n+1}=S+\bar{R}Q^n$$
$$RS=0（约束条件）$$

由于同步 RS 触发器 R、S 端的输入信号之间有约束条件，因此，限制了同步 RS 触发器的应用。

3）状态转换图

同步 RS 触发器的状态转换图如图 3-6 所示。

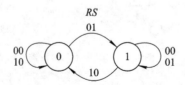

图 3-6　同步 RS 触发器的状态转换图

3.2.2　其他功能的触发器

一、D 触发器

为了解决同步 RS 触发器 R、S 输入信号之间有约束的问题，可以将图 3-5(a)所示的同步 RS 触发器的 R 端接至门 D 的输出端，并将 S 改为 D，便构成了图 3-7 所示的同步 D 触发器。图 3-7 中，门 A 和门 B 组成基本触发器，门 C 和门 D 组成触发引导门。

基本 RS 触发器的等效输入为

$$S_D = \overline{D \cdot CP}$$

$$R_D = \overline{S_D \cdot CP} = \overline{\overline{D \cdot CP} \cdot CP}$$

当 CP=0 时，$S_D = 1$，$R_D = 1$，触发器状态维持不变。

当 CP=1 时，$S_D = \overline{D}$，$R_D = 0$。若 $D=0$，则 $Q^{n+1}=0$；若 $D=1$，则 $Q^{n+1}=1$。由此可以得出 D 触发器在 CP=1 时的真值表如表 3-7 所示。

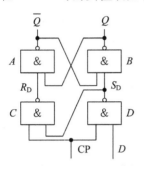

图 3-7　D 触发器

表 3-7　D 触发器真值表

D	Q^n	Q^{n+1}
0	0	0
0	1	0
1	0	1
1	1	1

当 CP=1 时，将 $S_D = \overline{D}$，$R_D = D$ 代入基本 RS 触发器的特征方程，即可得 D 触发器的特征方程为

$$Q^{n+1} = D$$

同理，可得同步 D 触发器在 CP=1 时的状态表如表 3-8 所示，状态图如图 3-8 所示。

表 3-8　D 触发器的状态表

Q^n ╲ D	Q^{n+1}	
	0	1
0	0	1
1	0	1

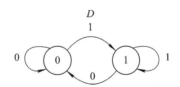

图 3-8　D 触发器的状态图

D 触发器在时钟作用下，其次态 Q^{n+1} 始终和输入信号 D 一致，因此，常把它称为数据锁存器或延迟触发器。由于 D 触发器的功能和结构都很简单，且具有很强的抗干扰能力，因为它在数字电路中应用广泛，常用来接收数码或移位。

二、T 触发器和 T′ 触发器

1. T 触发器

将同步 RS 触发器的互补输出 Q 和 $\overline{Q}$ 分别接 R 和 S 输入端，并在引导门的输入端加 T

输入信号就构成钟控 T 触发器，如图 3-9 所示。由于 Q 和 $\overline{Q}$ 互补，它不可能出现 $SR=11$ 的情况，因此这种结构解决了 R、S 之间的约束问题。

基本 RS 触发器的等效输入为

$$S_{\mathrm{D}} = \overline{T\,\overline{Q^n} \cdot \mathrm{CP}}$$

$$R_{\mathrm{D}} = \overline{T\,Q^n \cdot \mathrm{CP}}$$

当 CP＝0 时，$S_{\mathrm{D}}=1$，$R_{\mathrm{D}}=1$，触发器状态维持不变。

当 CP＝1、T＝0 时，$S_{\mathrm{D}}=1$，$R_{\mathrm{D}}=1$，触发器保持输出状态不变，即 $Q^{n+1}=Q^n$（保持）；当 CP＝1、T＝1 时，$S_{\mathrm{D}}=Q^n$，$R_{\mathrm{D}}=\overline{Q^n}$，触发器的输出状态翻转一次，即 $Q^{n+1}=\overline{Q^n}$（计数）。

由此可知，在时钟脉冲作用下，T 触发器具有保持和计数功能，其真值表如表 3-9 所示。

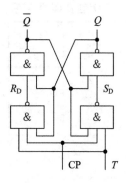

图 3-9　逻辑图

表 3-9　T 触发器的真值表

T	Q^n	Q^{n+1}
0	0	0
0	1	1
1	0	1
1	1	0

当 CP＝1 时，将 $S_{\mathrm{D}}=\overline{T\,\overline{Q^n}}$，$R_{\mathrm{D}}=\overline{T\,Q^n}$ 代入基本 RS 触发器的特征方程，即可得同步 T 触发器的特征方程为

$$Q^{n+1}=T\oplus Q^n$$

同理，可得 T 触发器在 CP＝1 时的状态表如表 3-10 所示，状态图如图 3-10 所示。

表 3-10　T 触发器的状态表

Q^n ＼ T	Q^{n+1}	
	0	1
0	0	1
1	1	0

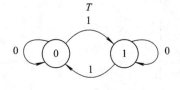

图 3-10　T 触发器的状态图

2．T 触发器

如果让 T 触发器的输入端 T 恒为"1"，就构成了 T' 触发器。显然，T' 触发器只具有计数功能，即每来一个时钟脉冲，触发器的状态就翻转一次，即 $Q^{n+1}=\overline{Q^n}$。可见 T' 触发器仅有翻转功能，因此，T' 触发器又称为计数触发器。T' 触发器是 T 触发器的特例。T' 触发器的真值表、状态表分别如表 3-11 和表 3-12 所示，状态图如图 3-11 所示。

表 3-11　T′触发器的真值表

T'	Q^n	Q^{n+1}
1	0	1
1	1	0

表 3-12　T′触发器的状态表

Q^n \ T'	Q^{n+1}
	1
0	0
1	1

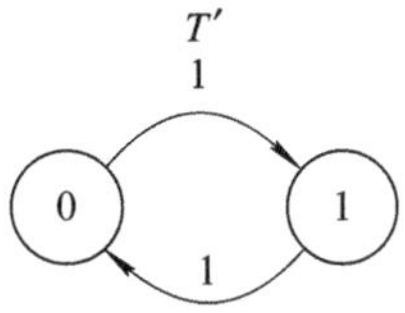

图 3-11　T′触发器的状态图

T′触发器的特征方程为

$$Q^{n+1}=\overline{Q^n}$$

三、JK 触发器

将 T 触发器的 T 端分开，分别用 J、K 代替，便可构成同步 JK 触发器，如图 3-12 所示。由于 Q 和 $\bar{Q}$ 互补，无论 J、K 输入取值如何，不可能出现 $SR=11$ 的情况，因此这种结构也解决了 R、S 之间的约束问题。

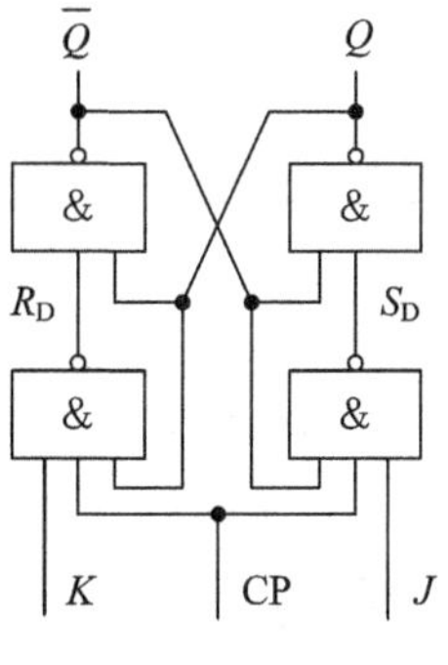

图 3-12　JK 触发器

与基本 RS 触发器对照，其等效的 R_D、S_D输入信号为

$$S_D=\overline{J\,\overline{Q^n}\cdot CP}$$

$$R_D=\overline{K\,\overline{Q^n}\cdot CP}$$

当 CP=0 时，$S_D=1$，$R_D=1$，触发器状态维持不变。

当 CP=1 时，将 $S_D=\overline{J\,\overline{Q^n}\cdot CP}=\overline{J\,\bar{Q}^n}$，$R_D=\overline{K\,Q^n\cdot CP}=\overline{KQ^n}$，代入基本 RS 触发器的特征方程 $Q^{n+1}=\bar{S}_D+R_DQ^n$，即可得 JK 触发器的特征方程为

$$Q^{n+1}=J\,\overline{Q^n}+\bar{K}Q^n$$

在基本 RS 触发器的基础上，得到 JK 触发器的真值表如表 3-13 所示，状态表如表 3-14 所示，状态图如图 3-13 所示。

由表 3-13 可知，JK 触发器具有置 0、置 1、计数和保持的功能，是一种功能比较齐全的触发器，因此也是目前使用非常广泛的一种触发器。

表 3 - 13 JK 触发器的真值表

J	K	Q^n	Q^{n+1}	说明
0	0	0	0	保持
0	0	1	1	
0	1	0	0	置 0
0	1	1	0	
1	0	0	1	置 1
1	0	1	1	
1	1	0	1	翻转
1	1	1	0	计数

表 3 - 14 JK 触发器的状态表

Q^n \ JK	Q^{n+1}			
	00	01	11	10
0	0	0	1	1
1	1	0	0	1

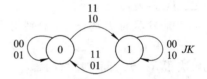

图 3 - 13　JK 触发器的状态图

3.2.3　触发器的相互转换

　　JK 触发器和 D 触发器是数字逻辑电路中使用最广泛的两种触发器。若需要其他功能的触发器，可以用这两种触发器变换后得到。

一、JK 触发器转换为 D、T 触发器

　　由于 JK 触发器的特征方程为 $Q^{n+1}=J\,\overline{Q^n}+\overline{K}Q^n$，D 触发器的特征方程为 $Q^{n+1}=D$，T 触发器的特征方程为 $Q^{n+1}=T\oplus Q^n$，因此有

　　JK 触发器转换为 D 触发器：令 $J\,\overline{Q^n}+\overline{K}Q^n=D\,\overline{Q^n}+DQ^n$，则 $D=J=\overline{K}$。

　　JK 触发器转换为 T 触发器：令 $J\,\overline{Q^n}+\overline{K}Q^n=T\,\overline{Q^n}+\overline{T}Q^n$，则 $T=J=K$。

　　JK 触发器转换为 D 触发器、T 触发器的电路图分别如图 3 - 14(a)、(b)所示。

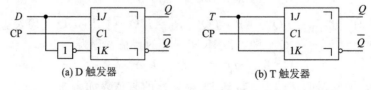

(a) D 触发器　　　　　　　　　　　(b) T 触发器

图 3 - 14　JK 触发器转换为 D、T 触发器

二、D 触发器转换为 JK、T 触发器

　　D 触发器转换为 JK 触发器：

令
$$D=J\,\overline{Q^n}+\overline{K}\,Q^n=\overline{\overline{J\,\overline{Q^n}}\cdot\overline{\overline{K}\,Q^n}}$$

转换电路如图 3-15 所示。

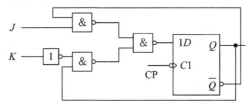

图 3-15　D 触发器转换为 JK 触发器

D 触发器转换为 T 触发器。只需要在图 3-15 的基础上将 J、K 相连便构成 T 触发器，$T=1$ 时为 T' 触发器。

3.2.4　集成触发器

集成触发器内部结构主要有主从型、维持阻塞型和边沿型三种方式，因此下面主要介绍这三种结构的触发器。

一、触发器的触发方式

触发方式指的是触发器的翻转时刻与时钟脉冲的关系。触发器的触发方式分为三种，即电平触发、主从触发和边沿触发。触发器的触发方式和其内部电路结构有关，但同一功能的触发器不论采用何种触发方式，其逻辑功能完全相同。如 JK 触发器，不论是电平触发方式，还是边沿触发方式，其逻辑功能都具有保持、置 0、置 1 及计数功能。

1. 电平触发方式

电平触发是指只要 CP 在规定的电平下，触发器便能翻转。如果只在 CP=1 期间翻转，在 CP=0 期间不能翻转，则称为正电平触发；反之，如果只在 CP=0 期间翻转，在 CP=1 期间不能翻转，则称为负电平触发。前面介绍的几种同步触发器都属于电平触发的触发器。

电平触发方式的各种触发器的逻辑符号如图 3-16 所示。由逻辑符号可以看出，若触发器时钟脉冲输入端未画"○"，则为高电平触发(如图 3-16(a)所示)；若触发器时钟脉冲输入端画有"○"，则为低电平触发。在输入端(以 RS 触发器为例)C1 和 1R、1S 的"1"表示相互之间的控制关联。R_D、S_D 为直接复位端和直接置位端，R_D、S_D 端画有"○"表示低电平有效，未画"○"表示高电平有效。

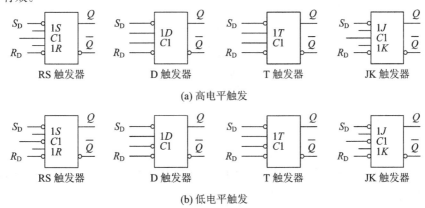

(a) 高电平触发

(b) 低电平触发

图 3-16　电平触发方式的各种触发器的逻辑符号

电平触发的触发器存在一定的问题,在时钟脉冲有效期间,若输入信号发生变化,触发器的状态也随之改变,把触发器在 CP 信号有效期间多次发生翻转的现象称为"空翻",空翻会造成触发器输出状态混乱,使 CP 的控制作用失效。为了保证触发器可靠地工作,防止出现空翻现象,必须限制输入信号在 CP 有效期间保持不变。

对于反馈型触发器,即使输入信号不发生变化,由于脉冲过宽,也会产生多次翻转现象,这种现象称为振荡现象。如 T' 触发器,由其特征方程 $Q^{n+1}=\overline{Q^n}$ 可知,在 CP 持续为高电平期间,它将在"0"和"1"之间不断翻转,产生振荡现象,为了不产生振荡,就需要把时钟脉冲取得很窄,但这一点在实际中很难做到。

2. 主从触发方式

主从触发方式是主从结构的触发器特有的触发方式。它在时钟脉冲的上升沿接收输入信号,下降沿时触发器状态翻转。因此,在一个时钟信号的作用下,触发器的状态只翻转一次,从而避免了空翻和振荡现象。

3. 边沿触发方式

边沿触发方式是指在时钟脉冲触发沿(上升沿或下降沿)到来之前或之后,即使输入信号发生变化,触发器的状态也不翻转,触发器的状态仅在时钟脉冲触发沿到来时,才根据输入信号的状态按其功能进行变化。边沿触发分为上升沿触发和下降沿触发。若触发器的状态仅在时钟脉冲上升沿到来时才翻转,则称为上升沿触发;若触发器的状态仅在时钟脉冲下降沿到来时才翻转,则称为下降沿触发。边沿触发方式解决了电平触发带来的"空翻"与"振荡"现象,因此,边沿触发的触发器抗干扰能力强,工作可靠。

二、主从触发器

主从触发器的结构框图如图 3 - 17 所示。它由主触发器和从触发器两部分组成,其中主触发器的信号输入端为整个主从触发器的信号输入端,从触发器的状态输出端为整个主从触发器的状态输出端,时钟脉冲直接作用在主触发器的 CP 端,同时经过"非"门反相后加至从触发器的 CP 端,从而使主、从触发器的时钟脉冲恰好相反,使主、从触发器不能同时工作,这就是触发器的主从型结构。时钟脉冲先使主触发器翻转,后使从触发器翻转,主从之名由此而来。

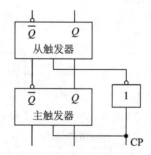

图 3 - 17　主从触发器的结构框图

主从触发器的工作过程分两步:CP＝1 时,主触发器接收输入信号,从触发器被封锁(状态不变);CP 由"1"变"0"时,从触发器按其功能决定输出状态,此时主触发器被封锁,从而使主从触发器每来一个时钟脉冲,状态改变一次。

主从结构的触发器逻辑符号如图 3 - 18 所示。在逻辑符号中,输出端处画了一个"⌐"

符号，意为输出延迟，即时钟脉冲上升沿接收输入信号，下降沿时输出状态翻转。主从触发器的输出端都画有"┑"。

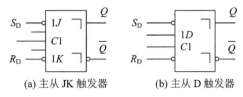

(a) 主从 JK 触发器　　　(b) 主从 D 触发器

图 3-18　主从结构的触发器逻辑符号

例 3.1　图 3-19 所示波形为主从 JK 触发器输入端的状态波形，试画出输出端 Q 的状态波形，设初始状态 $Q=0$。

解　根据主从 JK 触发器的状态表，并注意主从 JK 触发器为时钟脉冲后沿翻转，CP 下降沿时确定 Q 端状态，波形见图 3-19。

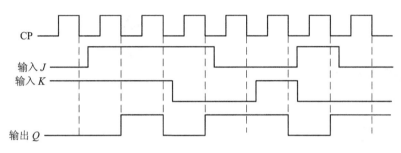

图 3-19　例 3.1 的波形

三、维持阻塞型触发器

维持阻塞型触发器是利用直流负反馈来维持翻转后的新状态的，阻止触发器在同一时钟内再次翻转。

维持是指在 CP 期间输入发生变化的情况下，使应该开启的门维持畅通无阻，使其完成预定的操作；阻塞是指在 CP 期间输入发生变化的情况下，使不应开启的门处于关闭状态，阻止产生不应该的操作。

维持阻塞型触发器内部结构采用边沿触发方式。

四、边沿型触发器

边沿型触发器是利用电路内部门电路的速度差来克服空翻的，其触发方式也为边沿触发方式。

对于维持阻塞型触发器和边沿型触发器的内部电路，这里不做详细介绍。

各种边沿型触发器的逻辑符号如图 3-20 所示（以 D 触发器和 T 触发器为例）。

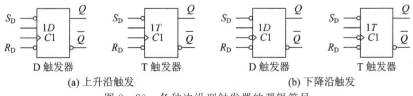

D 触发器　　　　T 触发器　　　　　D 触发器　　　　T 触发器

(a) 上升沿触发　　　　　　　　　(b) 下降沿触发

图 3-20　各种边沿型触发器的逻辑符号

在触发器的逻辑符号中，时钟脉冲输入端画有"＞"，表示边沿触发方式。图 3-20(a) 中时钟脉冲输入端未画圆圈，表示是上升沿触发；图 3-20(b) 中时钟脉冲输入端画有圆圈，表示是下降沿触发。

例 3.2 图 3-21 为图 3-20(a) 所示 D 触发器的输入状态波形。试画出输出端 Q 的状态波形，设初始状态 $Q=0$。

解 图 3-20(a) 所示 D 触发器上升沿触发，触发后的状态取决于触发前 D 端的状态，其输出端 Q 波形见图 3-21。

图 3-21 例 3.2 的波形

3.3 项目实施

3.3.1 触发器电路测试训练

一、训练目的

(1) 熟悉常用触发器的逻辑功能和触发方式。

(2) 掌握各种触发器功能互相转换的方法。

二、训练说明

触发器是具有记忆功能的二进制存储器件和构成各种时序电路不可缺少的基本逻辑单元。它具有两个稳定状态，用来表示逻辑状态 1 和 0，在一定的外界信号作用下，可以从一个稳定状态翻转到另一个稳定状态。常用类型有 RS、JK、D 及 T 触发器等。

在集成触发器的产品中，虽然每一种触发器有其自身的逻辑功能，但也可以利用转换的方法实现功能的互相转换，即令它们的特征方程相等的原则来实现功能转换，转换后的触发器，其触发沿和工作特性不变。

三、训练内容及步骤

1. 测试基本 RS 触发器的逻辑功能

用 74LS00 中任意两个与非门组成如图 3-22 所示的基本 RS 触发器。输入端 R_D、S_D 接逻辑电平开关插孔，输出端 Q、$\bar{Q}$ 接逻辑电平显示器插孔，按表 3-15 的要求测试并记录。

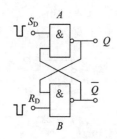

图 3-22 基本 RS 触发器

表 3-15 基本 RS 触发器测试数据记录表

R_D	S_D	Q	$\bar{Q}$
1	1→0		
	0→1		
1→0	1		
0→1			
0	0		

注：CP 中的 0→1 表示按下按钮的过程形成，1→0 表示松开按钮的过程形成。

2. 测试双 JK 触发器 CC4027 的逻辑功能

1) 检测 R_D、S_D 的复位、置位功能

查阅 CC4027 的引脚排布图，用其中任一个 JK 触发器，将 R_D、S_D、J、K 端接逻辑电平开关插孔，CP 端接单次脉冲源，Q、$\bar{Q}$ 端接逻辑电平显示器插孔。改变 R_D、S_D 状态(参照 RS 触发器测试)，并在 $R_D=0(S_D=1)$ 或 $S_D=0(R_D=1)$ 作用期间任意改变 J、K 及 CP 的状态，观察 Q、$\bar{Q}$ 端的状态，分析 CC4027 的 R_D、S_D 信号是低电平有效还是高电平有效。

2) 测试 J、K 输入端的逻辑功能

接线不变，使 $R_D=S_D=0$，按表 3-16 要求改变 J、K、CP 端的状态，观察 Q、$\bar{Q}$ 状态变化，并观察触发器状态更新是发生在 CP 脉冲的上升沿(即 CP 由 0→1)还是 CP 脉冲的下降沿(CP 由 1→0)，并记录。

表 3-16　JK 触发器测试数据记录表

J	K	CP	Q^{n+1}	
			$Q^n=0$	$Q^n=1$
0	0	0→1		
		1→0		
0	1	0→1		
		1→0		
1	0	0→1		
		1→0		
1	1	0→1		
		1→0		

3) 测试 JK 触发器的计数触发状态，即令 $J=K=1$，在 CP 端输入 1 Hz 连续脉冲，用逻辑笔观察 Q 端的变化；再在 CP 端输入 1 kHz 连续脉冲，用双踪示波器观察 CP、Q、$\bar{Q}$ 端波形，注意相位与时间的关系，并画图。

3. 测试 D 触发器 74LS74 的逻辑功能

1) 测试 $\bar{R}_D$、$\bar{S}_D$ 的复位、置位功能

测试方法与测试内容 2 中检测 JK 触发器的复位、置位功能基本相同。

2) 测试 D 输入端的逻辑功能

按表 3-17 内容进行测试，Q^n 可由 $\bar{R}_D$、$\bar{S}_D$ 预置。

表 3-17　D 触发器测试数据记录表

D	CP	Q^{n+1}	
		$Q^n=0$	$Q^n=1$
0	0→1		
	1→0		
1	0→1		
	1→0		

4. 测试触发器逻辑功能的转换

分别完成 JK 触发器到 D 触发器、D 触发器到 T 触发器逻辑功能的转换。

自行设计并搭接功能转换电路,接入电平开关和电平显示器进行测试验证,并将结果记录于设计好的表格中。

3.3.2 项目操作指导

1. 元器件的识别与检测

1) 74LS373 的测试与识别

三态同相八 D 锁存器 74LS373 的引脚排布图如图 3-23 所示。其中 8 个 D 触发器彼此独立;$\overline{OE}$ 为选通端(输出控制),低电平有效;G 为使能端(输出允许),G 为高电平时,输入 D 信号传输到 Q 端,G 为低电平时,电路保持原状态不变,禁止数据传输。74LS373 的功能表如表 3-18 所示。将 74LS373 插入对应芯片插座上,按照表 3-18 测试其功能。

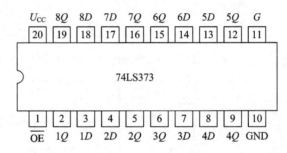

图 3-23　74LS373 引脚排布图

表 3-18　功能表

$\overline{OE}$	G	D	Q
L	H	H	H
L	H	L	L
L	L	×	保持
H	×	×	高阻

2) 二 4 输入与非门 CD4012 的识别

二 4 输入与非门 CD4012 包含两个互相独立的四输入与非门,其引脚排布图与逻辑符号分别如图 3-24(a)、(b)所示,其逻辑功能是"有 0 则 1,全 1 则 0"。

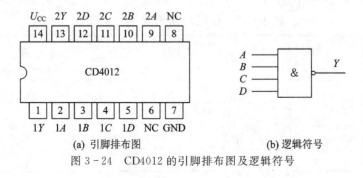

(a) 引脚排布图　　　　　　　　(b) 逻辑符号

图 3-24　CD4012 的引脚排布图及逻辑符号

2．整机装配

将检验合格的元器件依据布线原则安装在布线板上，安装步骤如下：电路装配遵循"先低后高，先内后外"的原则，先安装电阻，后安装按钮、集成电路 IC 插座，最后安装数码管。

3．电路调试

(1) 仔细检查、核对电路与元器件，确认无误后加入规定的 +5 V 直流电压。

(2) 抢答功能测试：按下按钮开关 $S_1 \sim S_4$ 中的一个，相应的数码管显示相应号码；松开该按钮开关，该数码管继续亮；这时按下其他按钮开关，其他数码管应该不亮，也不影响已经发光的数码管。这表明抢答功能正常。

(3) 清零功能测试：按下按钮开关 S_5，四个数码管应全灭。

4．故障分析与排除

只有熟悉电路原理及集成电路功能，才能正确、快速地找到故障点。有故障时，不要心急，先准备电路原理图及集成电路功能表，再准备逻辑测试笔、万用表等工具，然后依据电路原理图和集成电路功能表，检查输入与输出之间的逻辑关系是否正常。下面以抢答后数码管有显示但不能保持为例进行故障分析。首先，数码管能显示，说明数码显示部分没问题；触发器有输出，输出有变化说明按钮开关没问题；触发器不能锁存，说明锁存信号存在问题，应检查 CD4012 组成的反馈抢答信号部分是否正常。

3.4　项 目 总 结

触发器是时序逻辑电路的基本存储单元，它具有两种稳态(0 和 1)。在外加触发信号作用下，触发器可以在两种状态间相互转换。触发信号消失后，电路将保持原状态不变。因此，触发器具有存储和记忆二进制信息的功能。

从有无时钟控制而言，可将触发器分为无时钟控制触发器和有时钟控制触发器两大类。基本 RS 触发器是构成一切触发器的基础。在时钟控制触发器中，根据逻辑功能的不同，触发器可分为 RS 触发器、JK 触发器、D 触发器、T 触发器等类型；根据触发方式的不同，又可分为同步触发器、主从触发器和边沿触发器。

触发器的逻辑功能可以用功能表、特征方程和波形图等方式进行描述。

主从触发器比较适合窄脉冲触发的应用场合。为了提高时钟控制触发器的可靠性和抗干扰能力，出现了各种结构的时钟边沿控制触发器，不同类型的触发器之间可以相互转换。

练习与提高 3

一、填空题

1. RS 触发器具有_____、_____和_____等逻辑功能；D 触发器具有_____和_____等逻辑功能；JK 触发器具有_____和_____等逻辑功能；T 触发器具有_____、_____等逻辑功能。

2. RS 触发器在当 R 和 S 同时为有效电平时，会出现_____现象。

3. 双稳态触发器具有_____个稳态，储存 8 位二进制信息要_____个触发器。

4. 在一个 CP 脉冲作用下，引起触发器两次或多次翻转的现象称为触发器的_____，触发方式为_____或_____的触发器不会出现这种现象。

5. 边沿触发器分为_____沿触发和_____沿触发两种。当 CP 从 1 到 0 跳变时，触发器输出状态发生改变的是_____沿触发型触发器；当 CP 从 0 到 1 跳变时，触发器输出状态发生改变的是_____沿触发型触发器。

二、选择题

1. 边沿型 D 触发器是一种_____稳态电路。

A. 无   B. 单   C. 双   D. 多

2. 为实现将 JK 触发器转换为 D 触发器，应使_____。

A. $J=D$, $K=\overline{D}$ B. $K=D$, $J=\overline{D}$ C. $J=K=D$ D. $J=K=\overline{D}$

3. 下列触发器中，没有约束条件的是_____。

A. 基本 RS 触发器   B. 主从 RS 触发器

C. 同步 RS 触发器   D. 边沿型 D 触发器

4. 欲使 D 触发器按 $Q^{n+1}=\overline{Q^n}$ 工作，应使输入 $D=$_____。

A. 0   B. 1   C. Q D. $\overline{Q}$

5. 基本 RS 触发器在 $\overline{R}=\overline{S}=0$ 的信号同时删除后，触发器的输出状态_____。

A. 都为 0   B. 都为 1   C. 恢复正常   D. 不确定

6. 同步触发器的"同步"是指_____。

A. R、S 两个信号同步   B. Q^{n+1} 与 S 同步   C. Q^{n+1} 与 CP 同步

7. 触发器的记忆功能是指触发器在触发信号删除后，能保持_____。

A. 触发信号不变   B. 初始状态不变   C. 输出状态不变

三、综合题

1. 若由与非门组成的基本 RS 触发器输入端 $\overline{S}_D$、$\overline{R}_D$ 的电压波形如题图 3-1 所示，画出输出端 Q、$\overline{Q}$ 对应的电压波形。

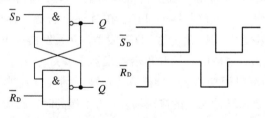

题图 3-1

2. 若由或非门组成的基本 RS 触发器输入端 S_D、R_D 的电压波形如题图 3-2 所示，画出输出端 Q 对应的电压波形，假定触发器的初始状态为 $Q=0$。

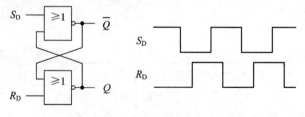

题图 3-2

　　3. 若触发器 CP、S、R 端的电压波形如题图 3-3 所示，画出输出端 Q 和 $\overline{Q}$ 对应的电压波形，假定触发器的初始状态为 Q=0。

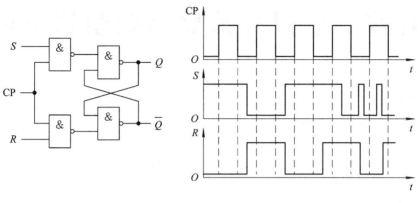

题图 3-3

　　4. 若主从 JK 触发器 CP、$\overline{R}_D$、$\overline{S}_D$、J、K 端的电压波形如题图 3-4 所示，画出输出端 Q、$\overline{Q}$ 对应的电压波形。

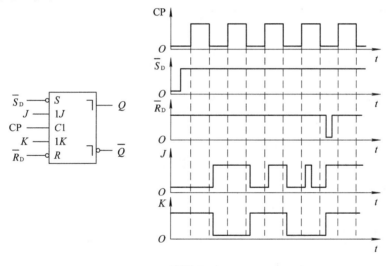

题图 3-4

项目四　触摸式报警器的制作与调试

知识目标:

(1) 理解 555 定时器的基本结构及分类。

(2) 掌握 555 定时器构成的施密特触发器及其应用。

(3) 了解 555 定时器构成的单稳态触发器及其应用。

(4) 掌握 555 定时器构成的多谐振荡器及其应用。

能力目标:

(1) 了解 555 定时器资料查询、识别与选取方法。

(2) 掌握语音芯片识别与选取的方法。

(3) 掌握 555 定时器的安装、调试与维修。

4.1　项　目　描　述

555 定时器是在电子工程领域中广泛使用的一种中规模集成电路,它将模拟电路与逻辑功能巧妙的结合在一起,具有结构简单、使用电压范围大、工作速度快、定时精度高、驱动能力强等优点。555 定时器配以外部元件,可以构成多种实际应用电路,广泛应用于产生多种波形的脉冲振荡器、检测电路、自动控制电路、家用电器以及通信产品等电子设备的生产之中。

本项目是制作由一个 555 集成定时器构成的触摸式报警器。

4.1.1　项目学习情境:555 定时器构成的触摸式报警器

555 定时器构成的触摸式报警器如图 4-1 所示。该项目需要完成的主要任务有:① 熟悉电路各元器件的作用;② 查阅芯片 KD9561 的功能及应用;③ 进行电路元器件的安装;④ 进行电路参数的测试与调整;⑤ 撰写电路制作报告。

4.1.2　电路分析与电路元器件参数及功能

一、电路分析

电路如图 4-1 所示,图中 IC1 是时基集成电路 NE555,它与 R_1、C_1、C_2、C_3 组成单稳态触发器。接通电源开关 S_1 后,再断开 S_2,电路启动。

平时没有人触及金属片 M 时,电路处于稳态,即 IC1 的 3 脚输出低电平,报警电路不工作。一旦有人触及金属片 M 中的任何一片,由于人体感应电动势给 IC1 的 2 脚输入了一个负脉冲(实际为杂波脉冲),单稳电路被触发翻转进入暂稳态,IC1 的 3 脚由原来的低电平跳变为高电平。该电平信号经限流电阻 R_2 使三极管 VT_1 导通,于是 VT_2 也饱和导通,语音集成电路 IC2 被接通电源工作。IC2 输出的音频信号经三极管 VT_3、VT_4 构成的互补放大器放大后推动电动式扬声器 B 发出洪亮的报警声。由于单稳电路被触发翻转的同时，电源开始经 R_1 对 C_2 充电，约经过 $1.1R_1C_2$ 时间后，单稳电路自动恢复到稳定状态，3 脚输出变为低电平，报警器停止报警，处于预报状态。

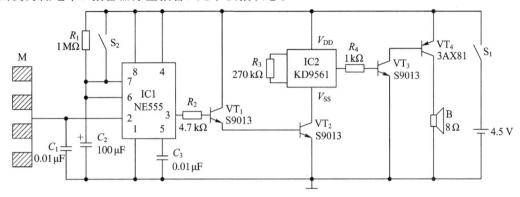

图 4-1 555 定时器构成的触摸式报警器电路

二、电路元器件参数及功能

555 定时器构成的触摸式报警器电路元器件参数及功能如表 4-1 所示。

表 4-1 555 定时器构成的触摸式报警器元件参数及功能表

元器件代号	名 称	型号及参数	功 能	备 注
R_1	电阻器	RTX-0.25-1 MΩ±50 kΩ	与 C_2 共同完成延时、定时	
R_2	电阻器	RTX-0.25-4.7 kΩ±235 Ω	限流	
R_3	电阻器	RTX-0.25-270 kΩ±13.5 kΩ	改变音频振荡频率	
R_4	电阻器	RTX-0.25-1 kΩ±50 Ω	限流	
C_1	电容器	CL21-63 V-0.01 μF±500 pF	抗干扰	
C_2	电容器	CD11-10 V-100 μF±10 μF	与 R_1 共同完成延时、定时	
C_3	电容器	CL21-63 V-0.01μF±500pF	滤波，提高电路稳定性	
$VT_1 VT_2$	三极管	S9013	电子开关	
VT_3	三极管	S9013	放大	
VT_4	三极管	3AX81	放大	
IC1	集成块	NE555	构成单稳态触发器	
IC2	报警芯片	KD9561	产生语言报警信号	
B	扬声器	0.5W 8Ω	输出报警信号	
	电源	4.5 V 直流稳压电源	提供电能	
M	触摸片	金属片	接收触摸信号	自制
S_1	开关	SS12D00(1P2T)	控制电源通断	
S_2	开关	SS12D00(1P2T)	启动报警	

4.2 知识链接

4.2.1 脉冲信号

一、定义

脉冲信号是在极短的时间内发生突变或跃变的电压或电流信号。

二、分类

脉冲信号分电脉冲和非电脉冲。电脉冲——简称脉冲，用于电子线路中。常见的脉冲有矩形波、三角波、锯齿波、阶梯波等。

常见的脉冲波形如图 4-2 所示。

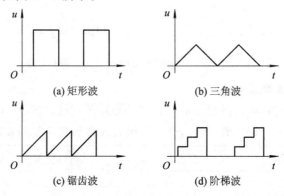

(a) 矩形波　　　　　　　　　(b) 三角波

(c) 锯齿波　　　　　　　　　(d) 阶梯波

图 4-2　常见的脉冲波形

三、主要参数

矩形脉冲波形见图 4-3 所示，衡量矩形脉冲波的主要参数如下：

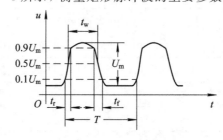

图 4-3　矩形脉冲波形

（1）脉冲幅度 U_m：脉冲电压的最大值与最小值之差，也称逻辑摆幅。

（2）上升时间 t_r：脉冲由 $0.1U_m$ 上升到 $0.9U_m$ 所需要的时间。t_r 越短，脉冲上升越快，越接近于理想矩形脉冲。

（3）下降时间 t_f：脉冲由 $0.9U_m$ 下降到 $0.1U_m$ 所需要的时间。

（4）脉冲宽度 t_w：脉冲幅值不小于 $0.5U_m$ 时，同一脉冲前沿与后沿之间的时间间隔。

（5）脉冲周期 T 和频率 f：在周期性出现的脉冲序列中，两个相邻脉冲波形对应点之间的时间间隔。脉冲周期的倒数为脉冲频率 $f = \dfrac{1}{T}$。

（6）占空比 q：脉冲宽度与周期之比，即 $q=t_{w}/T$。$q=1/2$ 时的矩形波称为方波。

四、脉冲信号的产生方法

产生脉冲信号的方法有两种：

（1）利用电路内部的自激振荡产生所需的脉冲波，具体电路称为多谐振荡电路或者多谐振荡器。

（2）利用变换电路，将已有性能不符合要求波形进行变换产生，具体电路称为整形电路，有单稳态触发器和施密特触发器。

4.2.2 555 定时器及应用

一、555 定时器概述

555 定时器芯片是一种数模混合的中规模集成电路，只要在外部配上适当阻容元件，就可产生精确的时间延迟和振荡，从而方便地产生脉冲和整形电路。

由于 555 芯片内部有 3 个 5 kΩ 的电阻器分压，故称 555，其在波形的产生与变换、测量与控制、定时、仿声、电子乐器、防盗报警等方面应用很广泛。

1. 分类

555 定时器主要分为两种类型：

（1）双极性 TTL 定时器，如 5G555、5G556。

（2）单极性定时器，如 CC7555、CC7556。

2. 组成及工作原理

以 5G555 为例，介绍其电路组成及工作原理。图 4-4(a) 为 5G555 内部结构，图(b) 为其引脚排列图。

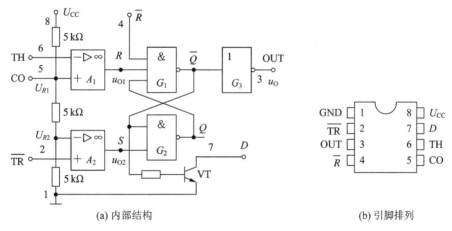

(a) 内部结构　　　　　　　　　　　(b) 引脚排列

图 4-4 5G555 内部结构及引脚排列

由图 4-4(a) 所示电路知：当 CO 端悬空或对地接电容 C_{0} 时，$U_{R1}=2U_{CC}/3$，$U_{R2}=U_{R1}/2=U_{CC}/3$；当 CO 端接电压 U_{CO} 时，$U_{R1}=U_{CO}$，$U_{R2}=U_{R1}/2=U_{CO}/2$。输入信号 u_{TH} 和 $u_{\overline{TR}}$ 分别从 TH 端和 $\overline{TR}$ 端加入。

当 $u_{TH}=0$、$u_{\overline{TR}}=0$ 时，给 $\overline{R}$ 端加负电平，即 $\overline{R}=0$，输出端复位，$Q=0$，$\overline{Q}=1$，三极管 VT 饱和导通。

当 $\overline{R}=1$，$u_{TH}>U_{R1}$，$u_{\overline{TR}}>U_{R2}$ 时，A_1 反向饱和，A_2 正向饱和，$R=0$，$S=1$，则输出 u_O 为低电平，$Q=0$，$\overline{Q}=1$，VT 饱和导通，触发器置 0。

当 $\overline{R}=1$，$u_{TH}<U_{R1}$，$u_{\overline{TR}}<U_{R2}$ 时，A_1 正向饱和，A_2 反向饱和，$R=1$，$S=0$，则输出 u_O 为高电平，$Q=1$，$\overline{Q}=0$，VT 截止，触发器置 1。

当 $\overline{R}=1$，$u_{TH}<U_{R1}$，$u_{\overline{TR}}>U_{R2}$ 时，A_1 和 A_2 均正向饱和，$R=1$，$S=1$，则输出保持原状态不变。

根据上述分析，可以列出 5G555 定时器的功能表，如表 4-2 所示。

表 4-2　5G555 定时器的功能表

输　　入			输　　出	
u_{TH}	$u_{\overline{TR}}$	$\overline{R}$	Q	VT
$\times$	$\times$	0	0	导通
$>U_{R1}$	$<U_{R2}$	1	0	导通
$<U_{R1}$	$<U_{R2}$	1	1	截止
$<U_{R1}$	$>U_{R2}$	1	保持	保持
$>U_{R1}$	$<U_{R2}$	1	不定	不定

应当指出，在正常工作时 CO 端不加控制电压 U_{CO}，只通过 $0.01\mu F$ 的电容将 CO 端接地，以旁路高频干扰。

二、555 应用电路

5G555 加外围元器件构成脉冲信号发生器和整形电路。

555 定时器的应用，包括脉冲信号（矩形脉冲波）产生电路和脉冲信号整形电路，具体可分为多谐振荡器（无输入，脉冲信号产生电路）、单稳态触发器（一个输入，脉冲信号整形电路）和施密特触发器（两个输入，脉冲信号整形电路）。

下面介绍由 555 定时器构成的以上三种电路。

1. 施密特发生器

1）电路组成

用 5G555 构成的施密特触发器电路如图 4-5 所示。

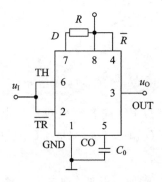

图 4-5　施密特触发器电路

2）工作原理

当 $u_1 < U_{R1}$ 时，比较器 A_1 正向饱和，A_2 反向饱和，$R=1$，$S=0$，则输出 u_O 为高电平，$Q=1$，$\overline{Q}=0$，触发器置 1。

当 $U_{R2} < u_1 < U_{R1}$ 时，比较器 A_1 和 A_2 均正向饱和，$R=1$，$S=1$，则输出保持原状态不变。

当 $u_1 \geq U_{R1}$ 时，比较器 A_1 反向饱和，A_2 正向饱和，$R=0$，$S=1$，则输出 u_O 为低电平，$Q=0$，$\overline{Q}=1$，触发器置 0。

施密特触发器的工作波形如图 4 - 6 所示。

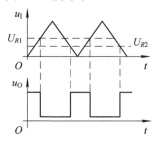

图 4 - 6　施密特触发器工作波形

由上述分析可知，5G555 定时器构成的施密特触发器从 $Q=0$ 转为 $Q=1$ 的正向阈值电压为 $U_{T+} = U_{R1} = 2U_{CC}/3$，从 $Q=1$ 转为 $Q=0$ 的负向阈值电压为 $U_{T-} = U_{R2} = U_{CC}/3$，因此，其回差电压为

$$\Delta U_T = U_{R1} - U_{R2} = \frac{2}{3}U_{CC} - \frac{1}{3}U_{CC} = \frac{1}{3}U_{CC}$$

施密特触发器的电压传输特性如图 4 - 7 所示。

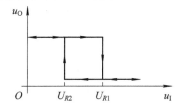

图 4 - 7　施密特触发器电压传输特性

2. 单稳态触发器

1）电路组成

用 5G555 构成的单稳态触发器电路如图 4 - 8 所示。

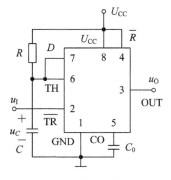

图 4 - 8　单稳态触发器

2) 工作原理

在没有加输入信号 u_1 时，$u_1=1$。此时，接通电源，电容 C 开始充电，当 $u_C>U_{R1}$ 时，比较器 A_1 反向饱和，$R=0$，由于 $u_1=1$，A_2 正向饱和，$S=1$，则输出 u_O 为低电平，触发器置 0，$Q=0$，$\overline{Q}=1$，三极管 VT 导通，电容 C 迅速放电，$u_C=0$，使比较器 A_1 正向饱和。由于 $u_1=1$，A_2 也正向饱和，$R=1$，$S=1$，触发器保持 $Q=0$、$\overline{Q}=1$ 的状态不变。此后，若 u_1 不变，电路则维持这一状态，把 $Q=0$、$\overline{Q}=1$ 时刻的状态称为稳定状态（简称稳态）。

在 $Q=0$、$\overline{Q}=1$ 的状态下，给 u_1 一个负电平，$u_1=0$，则比较器 A_2 反向饱和，$S=0$（此后使 u_1 恢复到高电平 1）；由于 $u_C=0$，比较器 A_1 正向饱和，$R=1$，触发器置 1，$Q=1$，$\overline{Q}=0$。

触发器置 1 使三极管 VT 截止，电容 C 开始充电。当 $u_C>U_{R1}$ 时，比较器 A_1 再次反向饱和，A_2 正向饱和，$R=0$，$S=1$，则输出 u_O 又转为低电平，触发器置 0，三极管 VT 导通，电容 C 迅速放电，$u_C=0$，使比较器 A_1 正向饱和。由于 $u_1=1$，A_2 也正向饱和，$R=1$，$S=1$，触发器保持 $Q=0$、$\overline{Q}=1$ 的状态不变。此后，重复前述过程。

触发器输出 $Q=1$、$\overline{Q}=0$ 的状态只维持了一段时间，由于电容充电电压的升高，使输出状态重新回到了输出 $Q=0$、$\overline{Q}=1$ 的状态，故 $Q=1$，$\overline{Q}=0$ 的状态称为暂稳态（简称暂态）。

单稳态触发器的工作波形如图 4-9 所示。

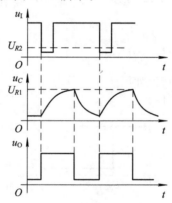

图 4-9　单稳态触发器工作波形

单稳态触发器输出脉冲的宽度可用下式估算：

$$t_w=RC \ln3 \approx 1.1RC$$

3. 多谐振荡器

1) 电路组成

利用 5G555 定时器构成的多谐振荡器电路如图 4-10 所示。图中 R_1、R_2 和 C 为外接电阻和电容，构成电路的定时元件。

2) 工作原理

设电容 C 的初始电压 $u_C=0$，则 $u_{TH}<U_{R1}$，$u_{TR}<U_{R2}$，电路的初始状态为 $Q=1$，$\overline{Q}=0$。

接通电源 U_{CC} 后，电容 C 通过电阻 R_1、R_2 开始充电，u_C 增大。当 $u_C \geqslant U_{R2}$ 时，A_2 正向饱和，$S=1$；此后，电容 C 继续充电，u_C 继续增大，当 $u_C \geqslant U_{R1}$ 时，比较器 A_1 反向饱和，$R=0$，输出 u_O 转为低电平，$Q=0$，$\overline{Q}=1$，电路进入第一个暂稳态。同时，三极管 VT 饱和

导通，电容 C 通过电阻 R_2、三极管集电极、发射极到地放电。

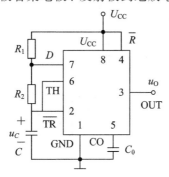

图 4-10　多谐振荡器

随着电容 C 的放电，u_C 减小。当 $u_C \leqslant U_{R1}$ 时，比较器 A_1 正向饱和，$R=1$，但此时 u_C 仍大于 U_{R2}，A_2 正向饱和，$S=1$，输出保持第一暂稳态不变；此后，电容 C 继续放电，u_C 继续减小，当 $u_C \leqslant U_{R2}$ 时，A_2 反向饱和，$S=0$，输出 u_O 转为高电平，$Q=1$，$\overline{Q}=0$，电路进入第二个暂稳态。同时，三极管 VT 截止，C 重新开始充电，电路再次进入第一个暂稳态。以后重复上述过程，电路输出状态周而复始地在两个暂稳态之间转换，从输出端即可得到矩形脉冲信号。

多谐振荡器的工作波形如图 4-11 所示。

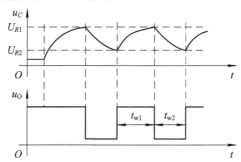

图 4-11　多谐振荡器工作波形

由上述分析可知，电容 C 上的电压在 $U_{R2}=U_{CC}/3$ 和 $U_{R1}=2U_{CC}/3$ 之间变化，则输出脉冲的宽度 t_{w1} 为

$$t_{w1} \approx (R_1+R_2)C\ln2 \approx 0.7(R_1+R_2)C$$

脉冲间隔时间 t_{w2} 为

$$t_{w2} \approx R_2C\ln2 \approx 0.7R_2C$$

脉冲周期 T 和频率 f 为

$$T=t_{w1}+t_{w2}=0.7(R_1+2R_2)C$$

$$f=\frac{1}{T} \approx \frac{1.43}{(R_1+2R_2)C}$$

由此可见，改变电阻 R_1、R_2 或电容 C 即可改变脉冲作用时间、间隔时间和周期（即改变占空比），图 4-12 即是用 5G555 构成的脉冲占空比可调的多谐振荡器，图中二极管 V_{D1} 和 V_{D2} 分别构成电容 C 的充电回路和放电回路。

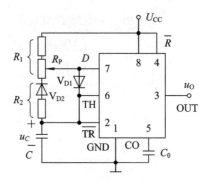

图 4 - 12　占空比可调的多谐振荡器

4.3　项目实施

4.3.1　555 时基电路测试训练

一、训练目的

（1）熟悉 555 时基电路的功能。

（2）掌握 555 时基电路的典型应用。

二、训练说明

555 时基电路（又称 555 定时器）是一种数字、模拟混合型的中规模集成电路，该电路用途十分广泛，如可用于精确定时、脉冲发生、脉冲调整和时间延迟等许多方面。该电路具有定时精度高、温度漂移小、速度较高、功能灵活及结构简单等优点，能与数字电路直接相连，具有一定的负载驱动能力。

由于 555 时基电路用途广泛，因而生产厂家和产品型号众多。但所有双极型产品型号最后三位是 555 或 556；所有 CMOS 产品型号最后四位都是 7555 或 7556，二者的逻辑功能和引脚排列完成一致，便于互换。其中 556 和 7556 是双向定时器。

555 时基电路的内部电路框图及引脚排列如图 4 - 13 所示，其电路功能见表 4 - 3。

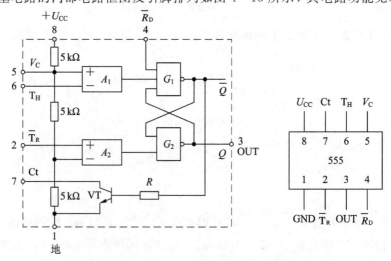

图 4 - 13　555 定时器内部框图及引脚排列

表 4 - 3 555 时基电路功能

T_H	$\overline{T_R}$	R	OUT	放电开关
×	×	0	0	接通
$>2U_{CC}/3$	$>U_{CC}/3$	1	0	接通
$<2U_{CC}/3$	$>U_{CC}/3$	1	不变	不变
×	$<U_{CC}/3$	1	1	关断

三、训练内容

1. 单稳态触发器

（1）按图 4 - 14 所示电路接线，取 $R=100\ k\Omega$，$C=47\ \mu F$，输出端接电平显示器。输入信号 V_i 由单次脉冲源提供，观察与测定暂稳时间。

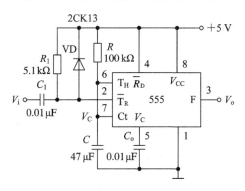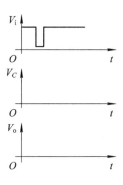

图 4 - 14 单稳态触发器

（2）将 R 改为 $1\ k\Omega$，C 改为 $0.1\ \mu F$，输入端加 1 Hz 的连续脉冲，用示波器观察 V_i、V_c、V_o 波形，测定波形幅度及暂稳时间。

2. 多谐振荡器

按图 4 - 15(a)电路接线，用双踪示波器观测 V_c 与 V_o 的波形，画在图 4 - 15(b)中，并测定其频率。

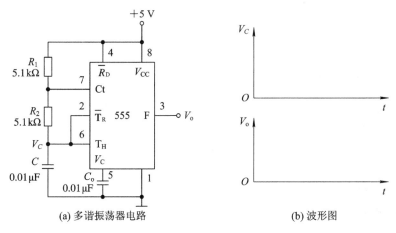

(a) 多谐振荡器电路　　　　　　(b) 波形图

图 4 - 15 多谐振荡器

3. 施密特触发器

按图 4-16 电路接线,输入信号由低频信号发生器提供,预先调好 V_i 的频率为 1 Hz。接通电源,逐渐加大 V_i 的幅度,观测输出波形,测绘电压传输特性,并在图 4-17 中画出。

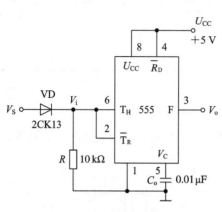

图 4-16 施密特触发器

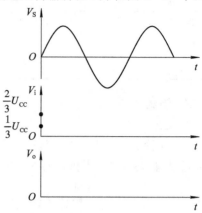

图 4-17 波形变换图

4. 模拟声响电路

按图 4-18 接线。调节电路中两个多谐振荡器的定时元件,使 I 输出较低频率,II 输出较高频率,接通电源,试听音响效果。调换外接阻容元件,再试听音响效果。

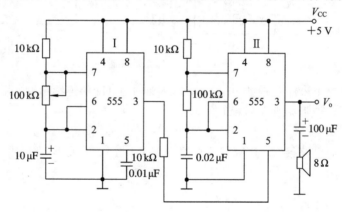

图 4-18 模拟声响电路

4.3.2 项目操作指导

一、电路调试

(1) 仔细检查,核对电路与元器件是否无误。

(2) 先闭合 S_2,再闭合 S_1,接通整机电源。

(3) 断开 S_2 开启报警器,使报警器处于待报警状态。

(4) 用手触摸金属片 M 中的任一片,扬声器应发生警报。

二、故障分析

(1) 开启电源后,报警启动开关未断开。

(2) 555 定时器芯片损坏。

（3）语音芯片 KD9561 损坏。

（4）三极管 VT_3，VT_4 损坏等。

4.4　项目总结

555 定时器主要由比较器、基本 RS 触发器、门电路构成。基本应用电路有三种：施密特触发器、单稳态触发器和多谐振荡器。

施密特触发器具有电压滞回特性，某时刻的输出由当时的输入决定，即不具备记忆功能。当输入电压处于参考电压 U_{R1} 和 U_{R2} 之间时，施密特触发器保持原来的输出状态不变，所以具有较强的抗干扰能力。

在单稳态触发器中，输入触发脉冲只决定暂稳态的开始时刻，暂稳态的持续时间由外部的 RC 电路决定，从暂稳态回到稳态时不需要输入触发脉冲。

多谐振荡器又称为无稳态电路。在状态变换时，触发信号不需要由外部输入，而是由其电路中的 RC 电路提供，状态的持续时间也由 RC 电路决定。

练习与提高 4

一、填空题

1. 定时器的型号中 555 是 ＿＿＿＿＿＿＿ 产品，7555 是 ＿＿＿＿＿＿ 产品。

2. 施密特触发器具有 ＿＿＿＿＿＿ 现象，又称 ＿＿＿＿＿＿ 特性。单稳触发器最重要的参数为 ＿＿＿＿＿＿ 。

3. 常见的脉冲产生电路有 ＿＿＿＿＿ ，常见的脉冲整形电路有 ＿＿＿＿＿ 、＿＿＿＿＿ 。

4. 为了实现较高的频率稳定度，常采用 ＿＿＿＿＿＿ 振荡器。单稳态触发器受到外部触发时进入 ＿＿＿＿＿＿ 态。

二、判断题

1. 施密特触发器可用于将三角波变成正弦波。　　　　　　　　　　（　　）

2. 施密特触发器有两个稳态。　　　　　　　　　　　　　　　　　（　　）

3. 多谐振荡器输出信号的周期与阻容元件的参数成正比。　　　　　（　　）

4. 石英晶体多谐振荡器的振荡频率与电路中的 R、C 成正比。　　　（　　）

5. 单稳器触发器的暂稳态时间与输入触脉冲宽度成正比。　　　　　（　　）

6. 单稳态触发器的暂稳态维持时间用 t_w 表示，与电路中 RC 成正比。（　　）

7. 采用不可重触发的单稳态触发器时，若在触发器进入暂稳态期间再次受到触发，输出脉宽可在此前暂稳态时间的基础上再展宽 t_w。　　　　　　　　（　　）

8. 施密特触发器的正阈值电压一定大于负向阈值电压。　　　　　　（　　）

三、选择题

1. 脉冲整形电路有 ＿＿＿＿＿＿ 。

A. 多谐振荡器　　　　　　　　　B. 单稳态触发器

C. 施密特触发器　　　　　　　　D. 555 定时器

2. 多谐振荡器可产生 ＿＿＿＿＿＿ 。

A. 正弦波 B. 矩形脉冲

C. 三角波 D. 锯齿波

3. 石英晶体多谐振荡器突出优点是_____。

A. 速度高 B. 电路简单

C. 振荡频率稳定 D. 输出波形边沿陡峭

4. TTL 单时基定时器型号的最后几位数字为_____。

A. 555 B. 556

C. 7555 D. 7556

5. 555 定时器可以组成_____。

A. 多谐振荡器 B. 单稳态触发器

C. 施密特触发器 D. JK 触发器

6. 用 555 定时器组成施密特触发器,当输入控制端 CO 外接 10V 电压时,回差为_____。

A. 3.33 V B. 5 V

C. 6.66 V D. 10 V

7. 以下各电路中,_____可以产生脉冲定时。

A. 多谐振荡器 B. 单稳态触发器

C. 施密特触发器 D. 石英晶体多谐振荡器

四、综合题

1. 电路如题图 4-1 所示,已知 $R_1 = 10$ kΩ,$R_2 = 20$ kΩ,$C_1 = 1$ μF,

(1) 写出该电路的名称;

(2) 画出 u_c、u_o 的波形;

(3) 求 u_o 的周期和频率。

2. 题图 4-2 是一简易触摸开关电路,当手触摸金属片时,发光二极管发光,经过一定时间,发光二极管熄灭。试说时该电路是什么电路,并估算发光二极管能亮多少时间。

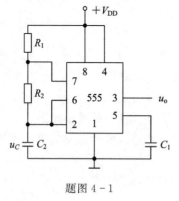

题图 4-1

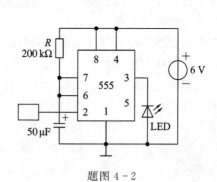

题图 4-2

项目五　三位数字测频仪的制作与调试

知识目标：

(1) 了解时序逻辑电路的特点、分类及表示方法。

(2) 掌握时序逻辑电路的分析方法。

(3) 了解时序逻辑电路的设计方法。

(4) 掌握寄存器的功能、特点及集成寄存器的应用。

(5) 掌握计数器的功能、特点及集成计数器的应用。

能力目标：

(1) 掌握集成计数器与集成寄存器的资料查询、识别与选取方法。

(2) 掌握集成计数器与集成寄存器的功能测试方法。

(3) 能熟练利用给定集成计数器构成任意进制计数器并能进行搭接调试。

(4) 能对数字测频仪进行功能分析。

(5) 能制作数字测频仪并进行调试与故障排除。

5.1　项目描述

时序逻辑电路有着广泛的应用，组成时序逻辑电路的基本单元是触发器，时序逻辑电路在任意时刻的输出状态是由输入信号与电路原来的状态共同决定的。本项目将重点介绍集成计数器以及集成寄存器的应用，了解常用集成时序逻辑器件的逻辑功能及使用方法，并通过制作一个三位数字测频仪电路来掌握集成时序逻辑电路的特点及应用。

5.1.1　项目学习情境：三位数字测频仪的制作与调试

图 5-1 所示为三位数字测频仪的电路原理图，制作与调试三位数显测频仪，需要完成的主要任务是：① 查阅集成电路 CC40110 的相关资料，熟悉数码管、集成计数译码驱动器等元器件的测试与应用；② 分析电路工作原理，了解单稳态触发器的原理；③ 根据电路参数进行元器件采购与检测；④ 进行电路元器件的安装、单元电路测试与整机调试；⑤ 撰写电路制作报告。

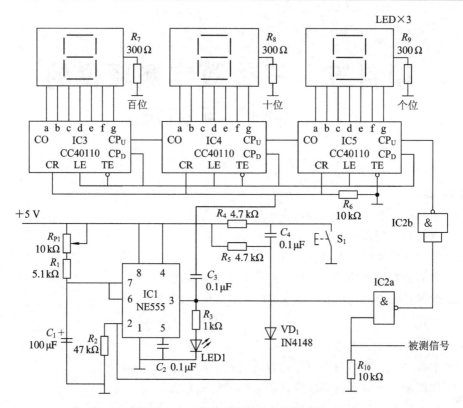

图 5-1　三位数字测频仪电路原理图

5.1.2　电路分析与电路元器件参数及功能

数字测频仪是一个实用器件，经过技术的不断发展，数字测频仪的设计方案有很多的选择性，性能也越来越高。实现方案有小规模集成电路、单片机、CPLD 等等，根据现有知识，只能采用小规模集成电路实现，这是以往传统的设计方案。该方案现在基本没有使用价值，但制作这样的一个简易测频仪有助于理解时序逻辑电路的概念，对学习者来说有重要的学习价值。

图 5-2 所示为简易测频仪原理方框图，将待测频率的脉冲和取样脉冲一起送入与门中，在取样脉冲的高电平 $(t_1 \sim t_2)$ 期间，与门开放，待测脉冲通过与门进入十进制计数器输入端，进行计数，同时译码显示器同步显示计数情况，当取样脉冲的低电平到来时，计数器停止工作。计数器的计数结果，就是 $t_1 \sim t_2$ 期间待测脉冲的个数 N。如果取样脉冲高电平的宽度为 1 s，则待测脉冲的频率就是 N Hz。

图 5-2　简易测频仪原理方框图

一、电路分析

三位简易数字测频仪具体电路如图 5-1 所示，电路由取样电路、门槛电路、计数译码电路、显示电路四部分构成。

（1）由 IC1（NE555）、R_1、R_{P1}、C_1 等构成单稳态触发器，其工作原理见项目三，暂稳态维持时间为 1 s；R_4、R_5、C_4、VD_1 等构成触发电路，静态时按钮开关处于断开状态，5 V 电源经过 R_5，使 VD_1 导通，R_5 与 R_2 串联分压，由于 R_2 远大于 R_5，使 IC1 的 2 脚 TR 为高电平，电路处于稳态，输出为 0；当按下按钮开关，由于电容 C_4 的电压不能突变，VD_1 阳极电位下降为零，VD_1 截止，使 IC1 的 2 脚 TR 为低电平，电路进入暂稳态，输出为 1，同时由于 R_5、C_4 的充电时间常数很小，VD_1 阳极电位很快变为高电平，VD_1 重新导通，使 $\overline{TR}$ 恢复为高电平；电路进入暂稳态后，其维持时间由 R_1、R_{P1}、C_1 决定，调整 R_{P1}，使维持时间为 1 s。

（2）IC2a、R_{10} 构成门槛电路，当单稳态触发器处于稳态时，IC1 的 3 脚输出低电平，门槛关闭，被测信号不能送进计数器计数；当按下按钮 S_1，单稳态触发器处于暂稳态时，IC1 的 3 脚输出高电平，门槛打开，计数器开始对被测信号计数，计数时间为 1 s。

（3）IC3、IC4、IC5 构成计数译码电路，3 块集成计数/译码/驱动电路构成 3 位十进制数计数器。每一次重新计数之前必须将计数器清零，本电路由 C_3、R_6 构成的微分电路完成自动清零功能。

（4）LED 数码管与 R_7、R_8、R_9 构成显示电路，实现测试信号频率同步显示的功能。

二、电路元器件参数及功能

三位测频仪电路元器件参数及功能如表 5－1 所示。

表 5－1　三位测频仪电路元器件参数及功能表

序号	元器件代号	名称	型号及参数	功能
1	IC1	555 定时器	NE555N	构成单稳态触发器
2	R_1 R_{P1} C_1	碳膜电阻 电位器 电容器	1/8 W－5.1 kΩ 精密－1/4 W－10 kΩ 电解电容－50 V～100 μF	单稳态触发器定时
3	C_2	电容器	瓷介－104	去耦电容
4	R_3 LED1	碳膜电阻 发光二极管	1/8 W－1 kΩ 3 红高亮	测试指示灯
5	R_2 R_4 R_5 VD_1 C_4 S_1	碳膜电阻 碳膜电阻 碳膜电阻 开关二极管 电容器 按钮开关	1/8 W－47 kΩ 1/8 W－4.7 kΩ 1/8 W－4.7 kΩ 1N4148 瓷介－104 6.3×6.3	低电平触发器
6	C_3 R_6	电容器 碳膜电阻	瓷介－104 1/8 W－10 kΩ	微分电路，自动清零
7	IC2	四 2 输入与非门	CC4011	门槛电路
8	R_{10}	碳膜电阻	1/8 W－10 kΩ	抗干扰，避免输入端悬空

序　号	元器件代号	名　　称	型号及参数	功　　能
9	IC3	计数译码器	CC40110	计数、译码、锁存、驱动
	IC4	计数译码器	CC40110	
	IC5	计数译码器	CC40110	
10	LED	数码管	ULS=5101AS	数据显示
11	R_7	碳膜电阻	1/8 W－300 Ω	限流，保护
	R_8	碳膜电阻	1/8 W－300 Ω	
	R_9	碳膜电阻	1/8 W－300 Ω	

5.2　知识链接

5.2.1　时序逻辑电路概述

一、时序逻辑电路的结构

在数字电路中，任意时刻的稳态输出不仅与该时刻电路的输入有关，而且还与电路原来的状态有关，这样的电路称为时序逻辑电路，这就是时序逻辑电路的定义或逻辑特点，图 5-3 所示为满足以上特点的时序逻辑电路的一般结构框图。

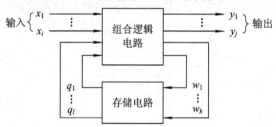

图 5-3　时序逻辑电路的一般结构框图

图 5-3 中$(x_1, x_2, \cdots, x_i)$为一组输入变量，$(y_1, y_2, \cdots, y_j)$为一组输出变量，$(w_1, w_2, \cdots, w_k)$为一组存储电路输入变量，$(q_1, q_2, \cdots, q_l)$为一组存储电路输出并反馈至组合逻辑电路输入端的变量。由图可见，$(x_1, x_2, \cdots, x_i)$和$(q_1, q_2, \cdots, q_l)$共同作用产生$(y_1, y_2, \cdots, y_j)$和$(w_1, w_2, \cdots, w_k)$，而$(w_1, w_2, \cdots, w_k)$又决定了$(q_1, q_2, \cdots, q_l)$。

一般而言，构成时序逻辑电路的单元电路是组合逻辑电路和具有记忆功能的存储电路（常用触发器构成）。但今后我们遇到的时序逻辑电路并不是每一个都具有这种完整的形式。例如，有些时序逻辑电路可能没有组合逻辑电路部分，有些可能没有输入逻辑变量，但它们只要具有时序逻辑电路的基本特点，即具有记忆以前状态的存储电路，那就都属于时序逻辑电路。

二、时序逻辑电路的描述方法

时序逻辑电路的描述方法主要有逻辑表达式、状态表、卡诺图、状态图和时序图等，状态表、卡诺图、状态图和时序图表示方法我们在前面已经介绍过，下面介绍时序逻辑电路的逻辑表达式表示方法。

图 5-3 中我们用 $X(x_1, x_2, \cdots, x_i)$ 代表输入变量，$Y(y_1, y_2, \cdots, y_j)$ 代表输出变量，$W(w_1, w_2, \cdots, w_k)$ 代表存储电路输入变量，$Q^n(q_1, q_2, \cdots, q_l)$ 代表存储电路的输出状态。这些信号之间的关系可用以下三个逻辑方程表示：

$$Y(t) = F[X(t), Q^n(t)] \tag{5-1}$$

$$W(t) = H[X(t), Q^n(t)] \tag{5-2}$$

$$Q^{n+1}(t) = G[W(t), Q^n(t)] \tag{5-3}$$

式(5-1)为输出方程，说明输出信号 $Y(t)$ 是输入信号 $X(t)$ 和存储电路输出 $Q^n(t)$ 的函数。式(5-2)为驱动方程，说明存储电路的输入驱动信号 $W(t)$ 是输入信号 $X(t)$ 和现态 $Q^n(t)$ 的函数。式(5-3)为状态方程，说明存储电路的次态 $Q^{n+1}(t)$ 是输入驱动信号 $W(t)$ 和现态 $Q^n(t)$ 的函数。以上三式全面地描述了时序逻辑电路的逻辑功能，合称为时序逻辑电路的逻辑表达式。

三、时序逻辑电路的分类

时序逻辑电路按不同的方式可分为不同的类型，主要分类如下：

(1) 按逻辑功能分可分为计数器、寄存器、移位寄存器、读/写存储器和顺序脉冲发生器等。

(2) 按组成时序逻辑电路各触发器的时钟脉冲是否取自同一脉冲源，可分为：

同步时序电路：组成时序逻辑电路各触发器的时钟脉冲是取自同一脉冲源的，电路状态改变时，电路中要更新状态的各个触发器是同步翻转的。

异步时序电路：组成时序逻辑电路各触发器的时钟脉冲不是取自同一脉冲源的，各个触发器的 CP 信号既可以是输入时钟脉冲，也可以是其他触发器的输出。电路状态改变时，电路中要更新状态的触发器，有的先翻转，有的后翻转，是异步进行的。

(3) 按电路输出信号的特性可分为：

米里(Mealy)型时序电路：输出不仅与触发器的现态有关，还和电路的输入有关。

莫尔(Moore)型时序电路：输出仅与触发器的现态有关。

5.2.2　时序逻辑电路的一般分析方法

时序逻辑电路的分析一般按如下步骤进行：

(1) 列写相关方程组。根据给定的逻辑电路图分别列写以下方程组：

① 时钟方程组：由存储电路中各触发器时钟信号 CP 的逻辑表达式构成(对于同步时序逻辑电路，可不列写时钟方程)。

② 输出方程组：由时序电路中各输出信号的逻辑表达式构成。

③ 驱动方程组：由存储电路中各触发器输入信号的逻辑表达式构成。

④ 求状态方程组：将驱动方程代入各相应触发器的特征方程中并整理，得到各触发器的状态方程，即为各触发器次态的逻辑表达式。

(2) 列真值表。把电路的输入信号和各触发器初态的各种可能取值代入各个状态方程和输出方程中进行计算，求出相应的次态和输出，并列表表示即可得到真值表。

(3) 画状态图。根据真值表，画出状态转换图。

(4) 功能描述。根据上述分析总结电路的逻辑功能，可用文字来叙述，也可以画出时序图，即用波形图来描述。

下面通过两个例题来说明时序逻辑电路的分析方法。

例 5.1 同步时序逻辑电路如图 5-4 所示,分析其逻辑功能。

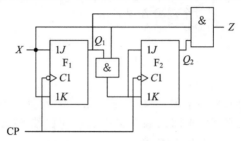

图 5-4 例 5.1 逻辑电路

解 观察电路图可知,X 是输入量,Z 是输出量,各级触发器时钟脉冲信号取自同一脉冲源,所以该电路是同步时序电路。

(1) 写相关方程。

① 驱动方程为

$$J_1 = K_1 = X, \ J_2 = K_2 = XQ_1^n$$

② 状态方程。JK 触发器的特征方程为 $Q^{n+1} = J\overline{Q^n} + \overline{K}Q^n$,将上述驱动方程代入 JK 触发器的特征方程,便得到第一级触发器的状态方程为

$$Q_1^{n+1} = X\overline{Q_1^n} + \overline{X}Q_1^n = X \oplus Q_1^n$$

第二级触发器的状态方程为

$$Q_2^{n+1} = XQ_1^n\overline{Q_2^n} + \overline{XQ_1^n}Q_2^n = (XQ_1^n) \oplus Q_2^n$$

③ 输出方程为

$$Z = XQ_2^nQ_1^n$$

(2) 列真值表。根据状态方程计算出各触发器的次态,根据输出方程计算输出,列出真值表如表 5-2 所示。真值表的左端为输入和各触发器现态,实际上,这时可把各触发器的现态看做输入变量,与外加输入信号同等对待,按二进制数自然增长规律填写,右端为次态和输出,实际上应把各触发器次态也看做输出函数。

表 5-2 例 5.1 的真值表

输入和现态			次 态		输出	输入和现态			次 态		输出
X	Q_2^n	Q_1^n	Q_2^{n+1}	Q_1^{n+1}	Z	X	Q_2^n	Q_1^n	Q_2^{n+1}	Q_1^{n+1}	Z
0	0	0	0	0	0	1	0	0	0	1	0
0	0	1	0	1	0	1	0	1	1	0	0
0	1	0	1	0	0	1	1	0	1	1	0
0	1	1	1	1	0	1	1	1	0	0	1

(3) 画状态图。由真值表可得出相应的状态图,如图 5-5 所示。

(4) 画时序图,说明逻辑功能。在时钟脉冲序列作用下,电路状态、输出状态随时间变化的波形图称为时序图,本例的时序图如图 5-6 所示。

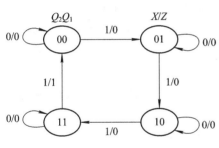

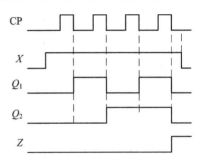

图 5-5 例 5.1 状态图   图 5-6 例 5.1 时序图

由状态图和时序图分析可知，该电路是可控计数器。具体逻辑功能为：当 $X=1$ 时，实现四进制加法计数器功能，即经过四个时钟脉冲作用后，电路的状态循环一次，逢四进一，同时在 Z 端输出一个进位脉冲，因此，Z 是进位信号。当 $X=0$ 时，计数器停止计数，保持原状态不变。

通过例 5.1 我们对同步时序逻辑电路的分析方法有所了解。在实际分析过程中，某些步骤视具体情况可省略。当得到真值表后，电路的功能就已经分析出来，而状态图和时序图是为了对电路逻辑功能进行更简捷和直观的描述。

下面通过一个例题来说明异步时序逻辑电路的分析方法。

例 5.2 逻辑电路如图 5-7 所示，分析其逻辑功能。

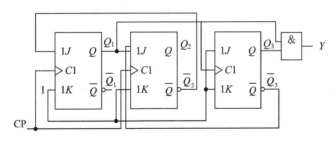

图 5-7 例 5.2 逻辑电路

解 （1）写相关方程。

① 时钟方程。由电路可知：

$$CP_1 = CP_2 = CP \qquad CP_3 = Q_1$$

因此，该电路为异步时序逻辑电路。

② 驱动方程为

$$J_1 = \overline{Q_2^n}, \ K_1 = 1$$
$$J_2 = \overline{Q_2^n} Q_1^n, \ K_2 = 1$$
$$J_3 = 1, \ K_3 = 1$$

③ 状态方程。JK 触发器特征方程为

$$Q^{n+1} = J \overline{Q^n} + \overline{K} Q^n$$

并由图可知，各触发器在时钟脉冲上升沿触发（即 CP↑ 有效），将各驱动方程代入触发器的特征方程得到各触发器状态方程

$$Q_1^{n+1} = J_1 \overline{Q_1^n} + \overline{K_1} Q_1^n = \overline{Q_1^n} \cdot \overline{Q_2^n} \qquad \text{CP↑ 有效}$$

$$Q_2^{n+1} = J_2 \overline{Q_2^n} + \overline{K_2} Q_2^n = \overline{Q_3^n} \cdot \overline{Q_2^n} Q_1^n \qquad \text{CP} \uparrow \text{有效}$$

$$Q_3^{n+1} = J_3 \overline{Q_3^n} + \overline{K_3} Q_3^n = \overline{Q_3^n} \qquad Q_1 \uparrow \text{有效}$$

④ 输出方程为

$$Y = Q_3^n Q_1^n$$

（2）列真值表。根据状态方程计算出真值表的次态，根据输出方程计算现输出，真值表如表 5－3 所示。

表 5－3　例 5.2 的真值表

现　态			次　态			输出	时钟条件		
Q_3^n	Q_2^n	Q_1^n	Q_3^{n+1}	Q_2^{n+1}	Q_1^{n+1}	Y	CP_1	CP_2	CP_3
0	0	0	1	0	1	0	↑	↑	↑
0	0	1	0	1	0	0	↑	↑	↓
0	1	0	0	0	0	0	↑	↑	0
0	1	1	0	0	0	0	↑	↑	↓
1	0	0	0	0	1	0	↑	↑	↑
1	0	1	1	0	0	1	↑	↑	↓
1	1	0	1	0	0	0	↑	↑	0
1	1	1	1	0	0	1	↑	↑	↓

（3）画状态图。由真值表可得出相应的状态图，如图 5－8 所示。

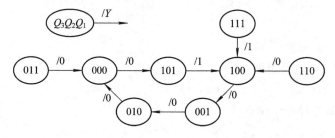

图 5－8　例 5.2 的状态图

根据状态图可知该电路为五进制数计数器。

在例 5.2 中，电路有几个多余的状态，因此在分析这类电路时，还要分析电路是否有自启动能力。所谓自启动能力指的是当合上电源后，电路能自动进入有用状态。如果合上电源后，电路不能自动进入有用状态，则电路不具有自启动能力。显然，通过状态图可知，例 5.2 电路有自启动能力。

通过上述分析可知，在分析时序逻辑电路时，首先要看清楚电路，仔细区分电路是同步时序逻辑电路还是异步时序逻辑电路，在此基础上再进行分析。

5.2.3　计数器

所谓"计数"，就是累计输入脉冲的个数。计数器就是实现"计数"操作的时序逻辑电路。计数器的应用十分广泛，不仅可以用来计数，还可用来定时、分频和测量等。

计数器的种类非常繁多。

如果按照计数器中各触发器是否受同一脉冲控制分类，可分为同步计数器和异步计数器。若各触发器受同一时钟脉冲控制，则其状态更新是在同一时刻完成的，即同时翻转，这样的计数器为同步计数器；反之，为异步计数器。

如果按照计数过程中计数器中的数字的增减分类，计数器可分为加法计数器、减法计数器和可逆计数器(或称为加、减计数器)。随着计数脉冲的不断输入而作递增计数的计数器为加法计数器，作递减计数的计数器为减法计数器，可增可减的计数器为可逆计数器。

如果按照计数的循环长度分类，计数器可分为二进制计数器、十进制计数器、N 进制计数器，也就是按不同的计数长度分类。

由于计数器需要记忆数据，因此，必须采用触发器组成电路。下面对几种常用计数器的工作过程作简要分析。

一、二进制计数器

二进制数只有 0 和 1 两个数码。二进制加法规则是：$0+1=1$，$1+1=10$，即本位是 1，再加 1，向高位进一，本位变为 0(逢二进一)。二进制加法计数器必须满足上述加法规则。

一个触发器可以表示一位二进制数，n 个触发器就可以表示 n 位二进制数，因此，由 n 个触发器组成的计数器有 2^n 种状态，最多可计录(2^n-1)个脉冲。

表 5-4 列出了四位二进制加法计数器的状态表。

表 5-4　四位二进制加法计数器的状态表

输入脉冲数目	二　进　制　数				十进制数	输入脉冲数目	二　进　制　数				十进制数
	Q_3	Q_2	Q_1	Q_0			Q_3	Q_2	Q_1	Q_0	
0	0	0	0	0	0	9	1	0	0	1	9
1	0	0	0	1	1	10	1	0	1	0	10
2	0	0	1	0	2	11	1	0	1	1	11
3	0	0	1	1	3	12	1	1	0	0	12
4	0	1	0	0	4	13	1	1	0	1	13
5	0	1	0	1	5	14	1	1	1	0	14
6	0	1	1	0	6	15	1	1	1	1	15
7	0	1	1	1	7	16	0	0	0	0	进位
8	1	0	0	0	8						

分析上表可知：最低位触发器每输入一个计数脉冲状态就翻转一次。高位触发器是在相邻的低位触发器发出进位信号，即状态由"1"变为"0"时翻转。

下面介绍两种四位二进制加法计数器。

1. 异步四位二进制加法计数器

图 5-9 是由四个主从 JK 触发器组成的异步四位二进制加法计数器。

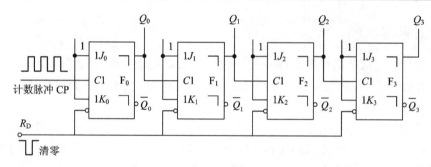

图 5-9　异步四位二进制加法计数器

图中四个触发器的 J、K 端都接成了计数触发器的形式，因而具有计数功能。计数脉冲从最低位触发器 F_0 的脉冲输入端输入，满足了每输入一个计数脉冲，F_0 状态就翻转一次的要求。各触发器的 Q 端接到相邻高位触发器的脉冲输入端，这样当低位触发器由"1"态变"0"态时，Q 端就产生一个负的阶跃信号，使高位触发器翻转一次，实现了由低位向高位的进位。

由于计数脉冲不是同时加到各触发器的脉冲输入端，而只加到最低位触发器的脉冲输入端，其他各位触发器由相邻的低位触发器发出的进位信号来触发，各位触发器状态翻转先后有序，是异步进行的，因而称为异步加法计数器。

下面具体分析异步四位二进制加法计数器的计数过程。

计数脉冲输入之前，首先清零，使各触发器均处于"0"态：$Q_3 = Q_2 = Q_1 = Q_0 = 0$。

第一个计数脉冲输入后，F_0 的状态从"0"态变为"1"态。对于 F_1 而言，是脉冲上升沿，不能触发翻转，故 F_1 仍保持"0"态。F_2、F_3 的脉冲输入端无触发信号加入，故也保持"0"态不变。

第二个计数脉冲输入后，F_0 状态又从"1"态变为"0"态。对于 F_1 而言，是脉冲下降沿，故 F_1 翻转，状态从"0"态变为"1"态。对于 F_2 而言，是脉冲上升沿，故 F_2 仍保持"0"态，F_3 也仍保持"0"态。依次类推，当第 15 个计数脉冲到来之后，四位触发器状态均为 1，即 $Q_3 Q_2 Q_1 Q_0 = 1111$。因此，上述四位二进制加法计数器最多只能计录 15 个脉冲，当输入第 16 个计数脉冲时，四个触发器又全部重新复位到"0"态，完成一个计数循环。因此，又可将此计数器称为十六进制计数器。

图 5-10 是异步四位二进制加法计数器的时序图。

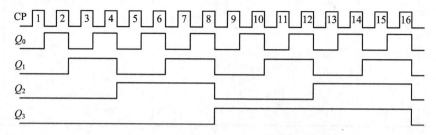

图 5-10　异步四位二进制加法计数器时序图

对于异步二进制计数器，各触发器之间连接简单，电路工作可靠。但是，由于各触发器按顺序依次翻转，故工作速度较慢。

由图 5-10 的波形图可以看出，Q_0 的频率是计数脉冲的 1/2，Q_1 的频率是计数脉冲的 1/4，Q_2 的频率是计数脉冲频率的 1/8，Q_3 的频率是计数脉冲的 1/16，因此，计数器又具有分频作用，可作为分频器使用。

2. 同步四位二进制加法计数器

图 5-11 是由四个主从 JK 触发器组成的同步四位二进制加法计数器。

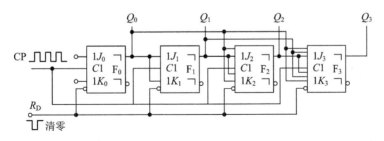

图 5-11　同步四位二进制加法计数器

由图可看出，计数脉冲同时接到各触发器的脉冲输入端，则各触发器的翻转是同时进行的。也就是说，计数器状态的转换与计数脉冲同步，因而其计数速度高。按这种方式组成的计数器称为同步计数器，对于各触发器：

第一位触发器 F_0：J_0、K_0 悬空，相当于高电平"1"，即 $J_0 = K_0 = 1$。因此每来一个计数脉冲，F_0 状态就翻转一次。

第二位触发器 F_1：$J_1 = K_1 = Q_0$，故只有在 $Q_0 = 1$ 时，再来一个计数脉冲，F_1 才翻转。

第三位触发器 F_2：$J_2 = K_2 = Q_0 Q_1$，故只有在 $Q_0 = Q_1 = 1$ 时，再来一个计数脉冲，F_2 才翻转。

第四位触发器 F_3：$J_3 = K_3 = Q_0 Q_1 Q_2$，故只有在 $Q_0 = Q_1 = Q_2 = 1$ 时，再来一个计数脉冲，F_3 才翻转。

以上讨论的是同步四位二进制加法计数器，如果位数更多，控制进位的规律可依次类推。对于其中任一位触发器来说，如第 n 位触发器，$J_n = K_n = Q_0 Q_1 \cdots Q_{n-1}$，即在比它低的所有触发器均为"1"时，再来一个计数脉冲，它才翻转一次。

下面具体分析同步四位二进制加法计数器的计数过程。

计数脉冲输入之前，首先清零，使各触发器均处于"0"态，$Q_3 = Q_2 = Q_1 = Q_0 = 0$。

第 1 个计数脉冲输入后，F_0 的状态从"0"变为"1"，此时 $Q_0 = 1$。而在计数脉冲到来之前，由于 $Q_0 = Q_1 = Q_2 = 0$，故 F_1、F_2、F_3 仍保持"0"态。

第 2 个计数脉冲输入后，F_0 的状态又从"1"变为"0"，即此时 $Q_0 = 0$。但在第 2 个计数脉冲到来之前，由于 $Q_0 = 1$，$Q_1 = Q_2 = Q_3 = 0$，故当第 2 个计数脉冲到来之后，F_1 的状态由"0"变为"1"，但 F_2、F_3 保持"0"态不变。

其余均可依次类推，当第 15 个计数脉冲输入后，四个触发器的状态转变为 1111。第 16 个计数脉冲输入后，四个触发器全部复位到"0"态，完成一个计数循环。其工作波形如图 5-10 所示。

上述各二进制计数器均采用下降沿触发翻转的 JK 触发器构成，生产实践中还广泛使用上升沿触发翻转的 D 触发器构成二进制计数器，其级间连接方式与用 JK 触发器组成的相应二进制计数器恰好相反。

二进制加法计数器结构十分简单，但是人们读取数据时感到非常不方便，因此在数字系统中常使用十进制计数器。

二、十进制计数器

十进制数而言，由于有 10 个数码，因此，很难用电路的状态来表示，但是可以采用二进制数码来表示十进制数，即用 BCD 码表示。因此十进制计数器又称为二-十进制计数器。下面介绍两种十进制加法计数器。

1. 异步十进制加法计数器

前面已讲过最常用的 8421 编码方式，它是用四位二进制数的前 10 个状态，即 0000~1001 来表示十进制数 0~9 这 10 个数码，而后面 1010~1111 这六个状态删除。图 5-12 是在 8421 码的二-十进制加法器的基础上构成的一个十进制加法计数器。由于计数脉冲从最低位触发器 F_0 的脉冲输入端输入，高位触发器的脉冲输入端与相邻的低位触发器连接，依靠低一位触发器发出进位信号来触发，因此，该电路属于异步加法计数器。

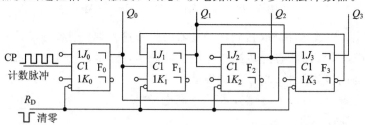

图 5-12　异步十进制加法计数器的电路

该十进制加法计数器与异步四位二进制加法计数器工作原理相似。但是四位二进制加法计数器一共有 16 个状态，而十进制只有 10 个状态，因此十进制加法计数器必须解决"逢十进一"的问题。解决这一问题关键有两点：其一，根据 8421 编码表，当第 9 个计数脉冲到来后，各位触发器的状态 $Q_3Q_2Q_1Q_0$ 应为 1001；其二，当第 10 个计数脉冲到来后，各位触发器应全部重新复位为"0"态，即 $Q_3Q_2Q_1Q_0=0000$，并向上一位计数器发出进位信号。因此，从 0000 计数至 1001 的计数原理与异步四位二进制加法计数相同。当第 10 个计数脉冲到来之后，触发器 F_1 和 F_2 保持"0"态，不能翻转，而触发器 F_0 和 F_3 翻转，从"1"态变为"0"态。

下面具体分析图 5-12 所示计数器的工作过程：

第一位触发器 F_0：$J_0=K_0=1$，脉冲输入端接计数脉冲，每来一个计数脉冲，F_0 的状态就翻转一次。

第二位触发器 F_1、：$J_1=\overline{Q_3}$，$K_1=1$，脉冲输入端接触发器 F_0 的输出端 Q_0。当 $Q_3=0$，$\overline{Q_3}=1$，再来一个计数脉冲，Q_0 由"1"变为"0"时，即向 F_1 发出触发信号，F_1 翻转，状态由"0"变为"1"。这样在 0~8 个脉冲计数时，$Q_3=0$，$\overline{Q_3}=1$，相当于 J_1 和 K_1 均为"1"，这与异步四位二进制计数器工作情况完全一致。当第 9 个计数脉冲到来后，虽然，$\overline{Q_3}=0$，但由于 Q_0 从"0"变为"1"，对 F_1 而言，是脉冲信号上升沿，不能触发 F_1，F_1 保持"0"态。当第 10 个计数脉冲到来后，Q_0 由"1"变为"0"，对 F_1 而言，是脉冲信号下降沿，但由于 $J_1=\overline{Q_3}=0$，故其状态仍为"0"，$Q_1=0$。

第三位触发器 F_2：$J_2=K_2=1$，脉冲输入端接触发器 F_1 的输出端 Q_1，当 Q_1 由"1"变为"0"时，触发器 F_2 的状态才翻转，其翻转原理与 F_0 相同。

第四位触发器 F_3：$J_3=Q_1 \cdot Q_2$，$K_3=1$，脉冲输入端接触发器 F_0 的输出端 Q_0，只有当

Q_1 与 Q_2 均为"1",且 Q_0 由"1"翻转为"0"时,触发器 F_3 的状态才翻转。这样当第 8 个计数脉冲输入后,$J_3 = Q_1 \cdot Q_2 = 1$,Q_0 由"1"翻转为"0",触发器 F_3 的状态由"0"变为"1",在第 9 个脉冲到来后,第 10 个计数脉冲到来之前,由于 $Q_2 = Q_1 = 0$,故 $J_3 = 0(K_3 = 1)$。因此,第 10 个计数脉冲到来之后,触发器 F_3 的状态由"1"变为"0"。

表 5 - 5 是异步十进制加法计数器的状态表。图 5 - 13 是异步十进制加法计数器的状态图,图 5 - 14 是其时序图。

表 5 - 5 异步十进制加法计数器的状态表

序 号	Q_3^n	Q_2^n	Q_1^n	Q_0^n	Q_3^{n+1}	Q_2^{n+1}	Q_1^{n+1}	Q_0^{n+1}
0	0	0	0	0	0	0	0	1
1	0	0	0	1	0	0	1	0
2	0	0	1	0	0	0	1	1
3	0	0	1	1	0	1	0	0
4	0	1	0	0	0	1	0	1
5	0	1	0	1	0	1	1	0
6	0	1	1	0	0	1	1	1
7	0	1	1	1	1	0	0	0
8	1	0	0	0	1	0	0	1
9	1	0	0	1	0	0	0	0
10	1	0	1	0	1	0	1	1
11	1	0	1	1	0	1	0	0
12	1	1	0	0	1	1	0	1
13	1	1	0	1	1	1	1	0
14	1	1	1	0	1	1	1	1
15	1	1	1	1	0	0	0	0

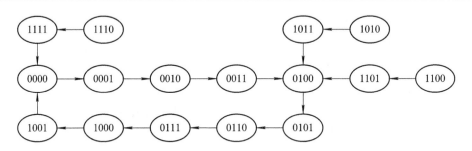

图 5 - 13 异步十进制加法计数器的状态图

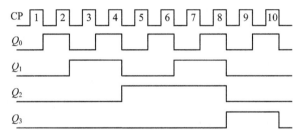

图 5 - 14 异步十进制加法计数器的时序图

由状态图和状态表可知，该电路具有自启动能力。

2. 同步十进制加法计数器

图 5-15 是由主从 JK 触发器组成的同步十进制加法计数器。

该十进制加法计数器是在同步四位二进制加法计数器基础上构成的。计数脉冲同时接到各位触发器的脉冲输入端，使各触发器的状态翻转与计数脉冲同步，故为同步计数器。其状态表仍如表 5-5 所示，状态图仍如图 5-13 所示，时序图仍如图 5-14 所示。

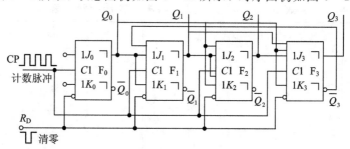

图 5-15　同步十进制加法计数器

三、集成计数器

计数器的逻辑电路结构有多种，目前广泛应用的是具有各种功能的中规模集成计数器。下面重点讨论几种常用集成计数器的功能和应用，对内部电路不作介绍。

1. 集成十六进制计数器

十六进制计数器也称为四位二进制计数器，常用的有 74LS161、74LS163、74LS191等，我们以 74LS161 为例介绍其逻辑功能。74LS161 是中规模集成同步四位二进制可预置数加法计数器，它除了有计数功能外，还具有预置数、保持和异步清零等功能。引脚排布图及逻辑符号如图 5-16 所示。功能表如表 5-6 所示。

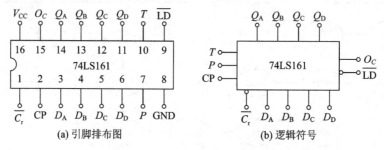

(a) 引脚排布图　　　　　　　　(b) 逻辑符号

图 5-16　74LS161 引脚排布图及逻辑符号

表 5-6　74LS161 功能表

CP	输入								输出			
	C_r	LD	P	T	D_D	D_C	D_B	D_A	Q_D	Q_C	Q_B	Q_A
×	0	×	×	×	×	×	×	×	0	0	0	0
↑	1	0	×	×	d	c	b	a	d	c	b	a
↑	1	1	1	1	×	×	×	×	计数			
×	1	1	0	1	×	×	×	×	保持			
×	1	1	×	0	×	×	×	×	保持（$O_C=0$）			

由图 5-16 可知，CP 是计数脉冲输入端，C_r 是清零端，LD 是置数控制端，P 和 T 是计数器工作控制端，是 D_A D_B D_C D_D 并行数据输入端，O_C 是进位信号输出端，$Q_D \sim Q_A$ 是计数状态输出端。

由功能表可知，74LS161 有以下功能：

（1）异步清零功能。当 $C_r = 0$ 时，计数器清零，并且当 $C_r = 0$ 时，其他输入信号都不起作用，与 CP 是无关的。

（2）同步预置数功能。当 $C_r = 1$，LD $= 0$ 时，在 CP 上升沿作用下，并行数据 $dcba$ 进入计数器，使 $Q_D Q_C Q_B Q_A = dcba$，并且 $O_C = TQ_D Q_C Q_B Q_A$。

（3）二进制同步加法计数功能。当 $C_r = $ LD $= 1$ 时，若 $P = T = 1$，则计数器对 CP 信号按 8421 码进行加法计数，当 $Q_D Q_C Q_B Q_A = 1111$ 时，进位输出端 O_C 送出高电平进位信号。

（4）保持功能。当 $C_r = $ LD $= 1$ 时，若 $PT = 0$，则计数器保持原来状态不变。对进位输出信号有两种情况，若 $T = 0$，则 $O_C = 0$；若 $T = 1$，则 $O_C = Q_D Q_C Q_B Q_A$。

2. 集成十进制计数器

以 74LS192 为例介绍集成十进制计数器。74LS192 是异步、可预置的十进制可逆计数器，其逻辑符号如图 5-17 所示，功能表如表 5-7 所示。C_r 是异步清零端，CP_+ 是加法计数脉冲输入端，CP_- 是减法计数脉冲输入端，因此是双时钟工作方式，LD 是置数控制端，O_C 是进位信号输出端，O_B 是借位信号输出端，$DCBA$ 是并行数据输入端，$Q_D \sim Q_A$ 是计数状态输出端。

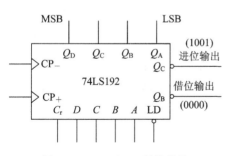

图 5-17 74LS192 逻辑符号

表 5-7 74LS192 功能表

CP_+	CP_-	LD	C_r	Q_D	Q_C	Q_B	Q_A
$\times$	$\times$	$\times$	1	0	0	0	0
$\times$	$\times$	0	0	d	c	b	a
↑	1	1	0	加法计数			
1	↑	1	0	减法计数			
1	1	1	0	保持			

从表 5-7 可以得出 74LS192 有如下功能：

（1）异步清零功能。当 $C_r = 1$ 时，不管其他端电平如何，都立即使 $Q_D Q_C Q_B Q_A = 0000$，完成了清零功能，且不需要 CP。由此可见，使用中若不需要清零，则 C_r 端应接地（即 0 电平）。

（2）异步预置数功能。当 $C_r = 0$ 时，若 LD $= 0$，将立即把数据 $dcba$ 分别送给 $Q_D \sim Q_A$，使 $Q_D Q_C Q_B Q_A = DCBA$，送数时不需要时钟脉冲 CP，因而 LD 端属于异步预置数控制端，这一点和 74LS161 显然不同。如果不需要送数，则应使 LD $= 1$。

（3）加法计数功能。当计数脉冲 CP 由 CP_+ 端送入时，将实现由 $0000 \sim 1001$ 的递增计数，且 $Q_D Q_C Q_B Q_A = 1001$ 状态时，将由进位输出端 O_C 送出一个进位负脉冲，该脉冲的上升沿到来时完成向高位的进位功能。

（4）减法计数功能。当计数脉冲 CP 由 CP_- 端送入时，将实现由 $1001 \sim 0000$ 的递减，且 $Q_D Q_C Q_B Q_A = 0000$ 状态时，将由借位输出端 O_B 送出一个借位负脉冲，该脉冲的上升沿到来时完成借位功能。无论加法计数还是减法计数，都是 CP 上升沿到来时有效。

(5) 保持功能。当无 CP 时，计数器处于保持状态。

3. 二-五-十进制集成计数器

下面介绍一种异步集成计数器 74LS90。74LS90 是二-五-十进制异步计数器，它包含两个独立的下降沿触发计数器，二进制和五进制计数器，其逻辑符号如图 5-18 所示，功能表如表 5-8 所示。R_{01} 和 R_{02} 是异步清零端，S_{91} 和 S_{92} 是异步置 9 端，CP_1 和 CP_2 分别是二进制和五进制计数器的计数脉冲输入端。

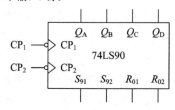

图 5-18　74LS90 逻辑符号

表 5-8　**74LS90 功能表**

输　　　入						输　　　出			
R_{01}	R_{02}	S_{91}	S_{92}	CP_1	CP_2	Q_D	Q_C	Q_B	Q_A
1	1	0	$\times$	$\times$	$\times$	0	0	0	0
1	1	$\times$	0	$\times$	$\times$	0	0	0	0
0	$\emptyset$	1	1	$\times$	$\times$	1	0	0	1
$\emptyset$	0	1	1	$\times$	$\times$	1	0	0	1
$\overline{R_{01}R_{02}}=1$		$\overline{S_{91}S_{92}}=1$		CP	0	二进制计数			
				0	CP	五进制计数			
				CP	Q_A	8421 码十进制计数			
				Q_D	CP	5421 码十进制计数			

由功能表可知 74LS90 逻辑功能：

(1) 置 9 功能。$S_{91} \cdot S_{92} = 1$ 时，$Q_D Q_C Q_B Q_A = 1001$，这正是 8421BCD 码的"9"，故称 S_{91} 和 S_{92} 是置"9"功能端，是与时钟信号 CP 无关的，所以，它是异步方式置 9 的。若不需要置 9，这两个端子至少有一个应接低电平"0"，这样就不会影响电路的正常计数。

(2) 置零功能。当 $R_{01} \cdot R_{02} = 1$ 时，$Q_D Q_C Q_B Q_A = 0000$，由于"清零"功能与时钟 CP 无关，故这种清零也称为异步清零。若不需要置 0，这两个端子至少有一个应接低电平"0"，这样就不会影响电路的正常计数。

(3) 计数功能。当满足 $R_{01} \cdot R_{02} = 0$、$S_{91} \cdot S_{92} = 0$ 时，电路才执行计数功能。根据 CP_1 和 CP_2 的各种不同接法来实现不同的计数功能。当计数脉冲从 CP_1 输入，CP_2 不加信号时，实现二进制计数，Q_A 输出信号。当 CP_1 不加信号，计数脉冲从 CP_2 输入时，$Q_D Q_C Q_B$ 实现五进制计数。

实现十进制计数有两种方法：

一是先进行二进制计数，再进行五进制计数，由 Q_D、Q_C、Q_B、Q_A 输出 8421 码，最高位 Q_D 作进位输出，如图 5 - 19(a)所示。

二是先进行五进制计数，再进行二进制计数，由 Q_A、Q_D、Q_C、Q_B 输出 5421 码，最高位 Q_A 作进位输出，如图 5 - 19(b)所示。

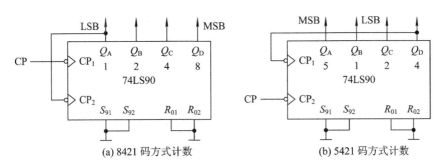

(a) 8421 码方式计数   (b) 5421 码方式计数

图 5 - 19 74LS90 实现十进制计数的两种方式

4. 集成计数器的应用

集成计数器加适当的反馈电路就可以构成任意进制计数器。设集成计数器的模值为 N，如果要得到一个模值为 $M(N > M)$ 的计数器，就要在 N 进制计数器的顺序计数器过程中，设法使之跳过$(N-M)$个状态，只在 M 个状态中循环就可以了。常用的方法有两种：反馈清零法和反馈置数法。

(1) 反馈清零法：让计数器从全"0"状态开始计数，计满 M 个状态后，进行清零。然后重新开始计数。由于集成计数器清零有同步和异步两种情况，因此反馈清零法也分为两种情况。

计数器同步清零时，接收到清零指令后，必须在下一个计数脉冲到来后，才能执行清零命令。可见，计数器从全"0"状态开始计数，记录了$(M-1)$个状态后，就要发出清零指令，在第 M 个计数脉冲到来后才进行清零，这样才能记录 M 个状态，实现 M 进制计数。

计数器异步清零时，接收到清零指令后，立即清零，与 CP 无关，所以要计满 M 个状态，必须是在计数到第 M 个状态后，才接收清零指令，计数器的状态从第 M 种状态返回到全"0"状态。第 M 种状态一出现，无需计数脉冲，计数器便立即被置成全"0"状态，它只在极短的瞬间出现，通常成为过渡状态。

综上所述，对于异步清零的计数器，采用反馈清零法构成任意进制计数器时，存在一个过渡状态，而同步清零的计数器则不存在过渡状态。

(2) 反馈置数法：反馈置数法和反馈清零法不同，它利用计数器预置数功能，使计数器从某个预置状态开始计数，计满 M 个状态后产生置数信号，使计数器又进入预置状态，然后再重新开始计数。这种方法适用于有预置功能的计数器。反馈置数法也分为两种情况。

计数器同步预置数时，预置数输入端接收到置数信号后，必须在下一个计数脉冲到来后才能预置数。可见计数器从预状态开始计数，记录了$(M-1)$个状态后，预置数输入端应接收到预置数信号，当第 M 个计数脉冲到来后才能执行预置数操作。

计数器异步预置数时，只要预置数输入端接收到预置数信号，计数器立即进行预置数，它不受 CP 控制。因此，计数器从预置状态开始计数，必须是在计数到第 M 个状态后，才接收到预置数指令，计数器的状态返回到预置的状态。第 M 种状态一出现，无需计数脉冲，计数器便立即执行预置数操作，第 M 种状态作为过渡状态。由于预置数操作可以在任意状态下进行，因此，计数器不一定从全"0"状态开始计数。

下面通过几个具体的例子来进一步说明集成计数器的应用。

例 5.3　试用 74LS192 设计一个六进制加法计数器。

解　由 74LS192 功能表分析知道，74LS192 具有异步清零和异步预置数功能。因此可以采用反馈清零法实现六进制计数，也可以采用反馈置数法实现六进制计数。

（1）反馈清零法：由功能表分析知道，74LS192 的 C_r 端的作用是异步清零，且高电平有效，因此存在一个过渡状态，状态图如图 5-20 所示。

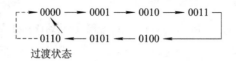

图 5-20　例 5.3 的状态图（反馈清零法或置 0000）

计数器的有效状态为 0000～0101，0110 为过渡状态，逻辑电路图如图 5-23(a)所示。

（2）反馈置数法：由功能表分析知道，74LS192 的预置数功能是异步预置数，LD=0 时，预置数，因此也存在一个过渡状态。

若预置数 $DCBA=0000$，即选用前六种状态 0000～0110，其状态图仍如图 5-20，0110 仍为过渡状态。逻辑电路图如 5-23(b)所示。因 LD 低电平有效，故 Q_C 和 Q_B 通过与非门与 LD 端连接。

若选用 0000～1001 中间任意连续六个状态进行计数，例如预置数 $DCBA=0001$，其状态图如图 5-21 所示。0111 为过渡状态，逻辑电路图如图 5-23(c)所示。

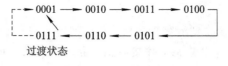

图 5-21　例 5.3 的状态图（置 0001）

由于 74LS192 有进位输出端 O_C，利用 O_C 反馈到 LD 端来实现六进制计数器，即选用后六种状态 0011～1000，1001 为过渡状态，其状态图如图 5-22 所示，逻辑电路如图 5-23(d)所示。74LS192 进位信号是负脉冲，故逻辑电路中 O_C 和 LD 直接连接。

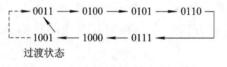

图 5-22　例 5.3 的状态图（置 0011）

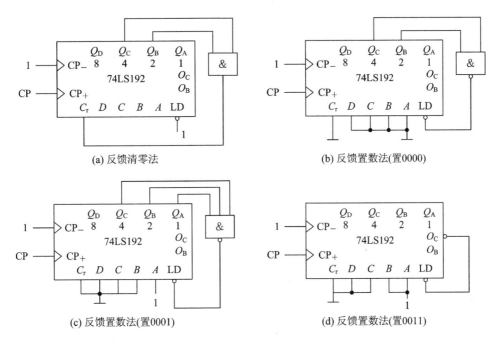

图 5-23 例 5.3 用不同方法实现的六进制计数器逻辑电路图

例 5.4 试用 74LS161 设计一个六进制加法计数器。

解 由 74LS161 功能表分析知道，74LS161 具有异步清零和同步预置数功能。因此，可以采用反馈清零法实现六进制计数器，也可以采用反馈置数法实现六进制计数器。

（1）反馈清零法：由功能表分析知道，74LS161 的 C_r 端的作用是异步清零，且低电平有效，因此存在一个过渡状态，状态图如图 5-24 所示。

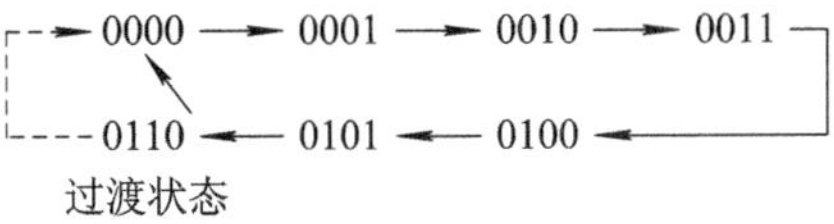

$$\begin{array}{c} \text{0000} \longrightarrow \text{0001} \longrightarrow \text{0010} \longrightarrow \text{0011} \\ \nearrow \qquad \qquad \qquad \downarrow \\ \text{0110} \longleftarrow \text{0101} \longleftarrow \text{0100} \end{array}$$
过渡状态

图 5-24 例 5.4 的状态图（反馈清零法）

计数器的有效状态为 0000～0101，0110 为过渡状态，逻辑电路如图 5-28(a) 所示。这和上例一样，不同的是 74LS161 的 C_r 低电平有效，因此 Q_C、Q_B 与非门和 C_r 相连。

（2）反馈置数法：由功能表分析知道，74LS161 的预置数功能是同步预置数，LD=0 时，预置数，因此不存在过渡状态。

若预置数 $DCBA=0000$，即选用前六种状态 0000～0110，其状态图如图 5-25 所示，逻辑电路如图 5-28(b) 所示。因为 LD 低电平有效，所以 Q_C 和 Q_B 通过与非门与 LD 端连接。

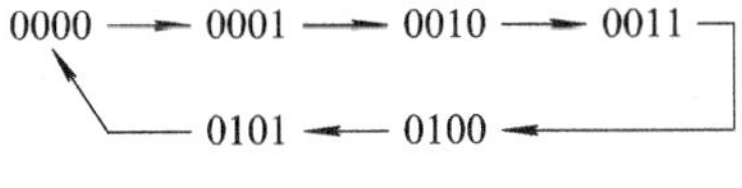

$$\begin{array}{c} \text{0000} \longrightarrow \text{0001} \longrightarrow \text{0010} \longrightarrow \text{0011} \\ \nearrow \qquad \qquad \qquad \downarrow \\ \text{0101} \longleftarrow \text{0100} \end{array}$$

图 5-25 例 5.3 的状态图（置 0000）

若选用 0000～1001 中间任意连续六个状态进行计数，例如预置数 $DCBA=0001$，其状态图如图 5-26 所示。逻辑电路图如图 5-28(c) 所示。

$$0001 \longrightarrow 0010 \longrightarrow 0011 \longrightarrow 0100 \longrightarrow$$
$$0110 \longleftarrow 0101 \longleftarrow$$

图 5-26　例 5.3 的状态图(置 0001)

同样也可利用 74LS161 进位输出端 O_C 反馈到 LD 端来实现六进制计数器，即选用后六种状态 1010~1111，其状态图如图 5-27 所示，逻辑电路如图 5-28(d)所示。根据 74LS161 的功能可知，进位信号是正脉冲，故逻辑电路中 O_C 通过非门和 LD 直接连接。

$$1000 \longrightarrow 1011 \longrightarrow 1100 \longrightarrow 1101 \longrightarrow$$
$$1111 \longleftarrow 1110 \longleftarrow$$

图 5-27　例 5.3 的状态图(置 1010)

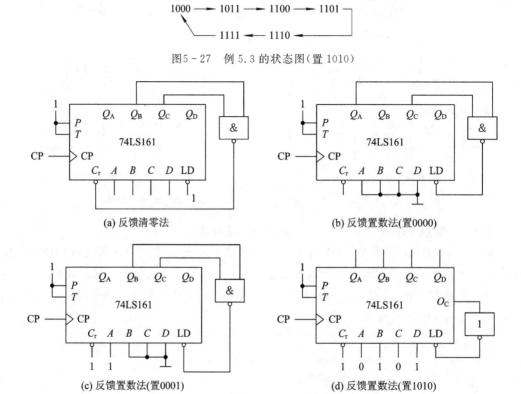

(a) 反馈清零法　　　　　　　　　　(b) 反馈置数法(置0000)

(c) 反馈置数法(置0001)　　　　　　(d) 反馈置数法(置1010)

图 5-28　例 5.4 用不同方法实现的六进制计数逻辑电路图

通过上述两个例题可以得出，用 N 进制集成计数器构成一个 $M(N>M)$ 进制计数器可按下述结论设计：

若 N 进制集成计数器异步清零，采用反馈清零法则有：反馈数 $=M$。

若 N 进制集成计数器同步清零，采用反馈清零法则有：反馈数 $=M-1$。

若 N 进制集成计数器异步预置数，采用反馈置数法则有：反馈数$-$预置数 $=M$。

若 N 进制集成计数器同步预置数，采用反馈置数法则有：反馈数$-$预置数 $=M-1$。

前面介绍的都是集成计数器的模值 N 大于所构成的计数器的模值 $M(N>M)$，如果要构成模值大于 N 的计数器，就需要将多片集成计数器进行级连，扩大其计数范围。级连的基本方式有两种：异步级联和同步级联。

异步级联：将前一级集成计数器的输出作为后一级集成计数器的时钟脉冲信号。这种信号可以取自前一级的进位或借位输出，也可直接取自高位触发器的输出。此时，若后一级集成计数器有计数允许控制端，则应使它处于允许计数状态。

同步级联：外加时钟信号同时接到各集成计数器的时钟脉冲输入端，用前一级集成计数器的进位或借位输出信号作为后一级集成计数器的工作控制信号。只有当进位或借位信号有效时，时钟脉冲才能对后一级集成计数器起作用。

前面讨论的 74LS90 构成的十进制计数器，就是用一个二进制计数器和一个五进制计数器级联构成，而且采用的是异步级联。

图 5-29 所示电路是用两片 74LS161 构成的二十四进制计数器，它采用的是同步级联法。

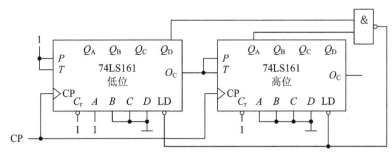

图 5-29 用两片 74LS161 构成的二十四进制计数器

该计数器采用整体反馈置数法，预置数为 00000001，计数有效状态 00000001 ～ 00011000，因此为二十四进制计数器。

还可以先用两个集成计数器分别构成四进制和六进制计数器，再级联构成二十四进制计数器，这种方法称为大模分解法。

5.2.4 寄存器

在数字电路中，用来存放二进制数据或代码的电路称为寄存器。寄存器是由具有存储功能的触发器和具有控制作用的门电路组成的。一个触发器可以存储一位二进制代码，存放 n 位二进制代码的寄存器，需要用 n 个触发器。常用寄存器的位数有四位、八位、十六位等。

根据寄存器是否有移位功能，可将寄存器分为数码寄存器和移位寄存器两大类，下面逐一介绍。

一、数码寄存器

数码寄存器只有寄存数码的功能，以图 5-30 所示电路为例介绍数码寄存器。图5-30 中所示寄存器是一个须预先清零的四位数码寄存器，它由四个基本 RS 触发器和四个非门及八个与非门组成。门电路在这里起控制作用，它和触发器相配合，寄存器只有接收到寄存指令，才能把输入的数码储存起来；只有接收到取数指令，才能把寄存的数码取出。

其工作过程如下：在接收数码之前，首先在各触发器的直接复位端 R_D 加一负脉冲信号，使四个触发器全部置"0"，清除寄存器中原有数码，这个过程称为清零。设输入的二进制数 $D_3 D_2 D_1 D_0$ 为 1010。在寄存指令（正脉冲）到来之前，四个输入与非门的输出均为"1"，四个基本 RS 触发器仍全处于"0"态。当寄存指令到达时，四个输入与非门同时打开，输入数码为"1"的与非门，输出变为"0"，即输出一个负脉冲，使 F_3、F_1 置"1"，输入数码为"0"

的与非门输出仍为"1"，使 F_2、F_0 的状态不变，仍为"0"。这样就将数的 1010 存入寄存器中。

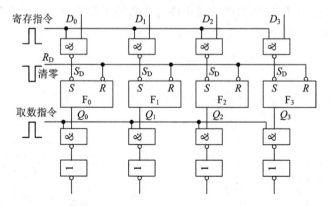

图 5 - 30　需预先清零的四位数码寄存器

如果要将存在寄存器中的数码取出，应先发出取数指令（正脉冲）。在未发出取数指令时，各非门输出端 $Q_0 \sim Q_3$ 均为"0"。当接收到取数指令，寄存器中已存入的数码被传送至各相应的输出端时，数码 1010 可在输出端取出。

上述寄存器，数码在存入寄存器中时，各位数码是从各对应输入端同时输入到寄存器中，则这种存放数码的方式称为并行输入方式。如果数码逐位输入到寄存器中，则这种存放数码的方式称为串行输入方式。

数码从寄存器中取出时，各位数码是在各对应的输出端同时取出的，这种取出数码的方式称为并行输出方式。如果数码逐位取出，则这种取出数码的方式称为串行输出方式。

必须注意的是，图 5 - 30 所示寄存器在寄存数码前必须预先清零，否则寄存器在寄存数码时就可能出错。例如，假定寄存器中原有的数码是 0100，现在存放 1010 这个数，如果没有预先清零，那么当寄存器接收到寄存指令后，存入寄存器中的数码将会是 1110。因此，这种寄存器的缺点是必须预先清零，否则会出现错误。

如果把图 5 - 30 所示的寄存器由单端输入改为双端输入，如图 5 - 31 所示，则寄存器在存入数码之前不需要预先清零。由于双端输入的数码寄存器在存数过程中省去了清零的步骤，从而提高了寄存速度，但所需与非门的数目增多，使寄存器体积变大。

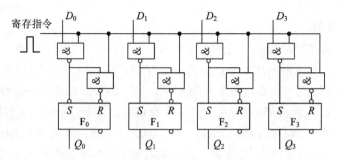

图 5 - 31　不需预先清零的四位数码寄存器

二、移位寄存器

在数字系统中，有时不仅要求寄存器有寄存数码的功能，而且还要求它具有移位的功能。移位功能就是寄存器中存放的数码在移位脉冲的作用下可以逐位向左移动或向右移动，把具有移位功能的寄存器称为移位寄存器。移位是一种非常重要的功能，在进行二进制数字运算中都需要这种移位功能，因此，移位寄存器在计算机中的应用十分广泛。

移位寄存器根据移位的方向分为左移位寄存器、右移位寄存器和双向移位寄存器。

图 5-32 所示电路是由主从 JK 触发器组成的四位左移位寄存器。数码由 D 端输入。由于触发器 F_0 的 J 端通过一个非门与 K 端连接起来，因此 $J=\overline{K}$，并且数码直接由 F_0 的 J 端输入，即 $J=D=\overline{K}$。低一位触发器的输出端 Q 和 $\overline{Q}$ 分别接到高一位触发器的 J 端和 K 端，使各触发器的 J 端和 K 端的状态相反。各触发器的时钟脉冲输入端都由同一个移位脉冲控制。

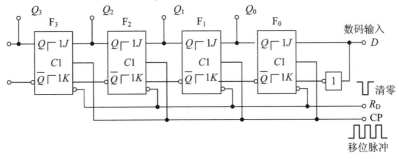

图 5-32 由主从 JK 触发器组成的四位左移位寄存器

主从 JK 触发器组成的移位寄存器的工作原理如下：

(1) 工作之前寄存器首先清零，工作时数码按移位时钟脉冲的工作节拍从高位到低位逐位串行从输入端 D 输入。设要寄存的二进制数为 1010，首先将"1"送到数码输入端 D，当第一个移位脉冲后沿来到时使触发器 F_0 翻转，由"0"变为"1"，其他触发器仍保持"0"态。经过一次移位后，移位寄存器的状态为 0001。

(2) 接着将"0"送到数码输入端 D，当第二个移位脉冲后沿来到时，F_0 的输出 $Q_0=1$ 就移入了 F_1，使 F_1 翻转为"1"(因 $J_1=Q_0=1$)，表明原输入数码"1"向左移动了一位。与此同时，F_0 的状态翻转为"0"，触发器 F_2、F_3 仍保持"0"态，移位寄存器的状态为 0010。

(3) 输入第三个数码"1"，当第三个移位脉冲后沿来到时，F_1 的输出 $Q_1=1$ 就移入了 F_2，使 F_2 翻转为"1"(因 $J_2=Q_1=1$)，表明第一个输入数码"1"又向左移动了一位；F_0 的输出 $Q_0=0$ 移入 F_1，使 F_1 翻转为"0"，表明第二个输入数码"0"也向左移动了一位；同时，F_0 的状态翻转为"1"，触发器 F_3 仍保持"0"态，移位寄存器的状态为 0101。

(4) 输入第四个数码"0"，当第四个移位脉冲后沿来到时，F_2 的输出 $Q_2=1$ 移入 F_3，使 F_3 翻转为"1"，表明第一个输入数码"1"又一次向左移动了一位；F_1 的输出 $Q_1=0$ 移入 F_2，使 F_2 翻转为"0"，表明第二个输入数码"0"也又一次向左移动了一位；F_0 的输出 $Q_0=1$ 移入 F_1，使 F_1 翻转为"1"，表明第三个输入数码"1"也向左移动了一位。同时，F_0 的状态翻转为"0"。移位寄存器的状态为 1010。

在移位脉冲作用下，经过四个移位脉冲，二进制数 1010 从输入端 D 依位移入寄存器中，存数结束。表 5-9 给出了移位寄存器的工作过程。

上述移位寄存器的输入方式是串行输入方式。存数结束时，可以直接从四个触发器的 Q 端输出数码，这种输出数码方式为并行输出方式。如果再经过四个移位脉冲，则所存的二进制数 1010 即可逐个移位从 Q_3 端输出，这种输出数码的方式为串行输出方式。

表 5 - 9　图 5 - 32 所示寄存器的工作过程

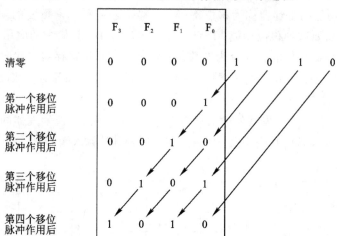

图 5 - 33 所示电路是用 D 触发器组成的四位右移位寄存器，和左移寄存器不同之处在于：左移位寄存从右向左依次为 F_0、F_1、F_2、F_3，右移位寄存器从左向右依次为 F_3、F_2、F_1、F_0。对于该寄存器数码的存入可以采用串行输入方式，也可采用并行输入方式；同样，数码的取出也可采用串行或并行输出方式。

图 5 - 33 所示右移位寄存器的工作原理与图 5 - 32 所示左移位寄存器的工作原理基本相同，这里不再赘述。

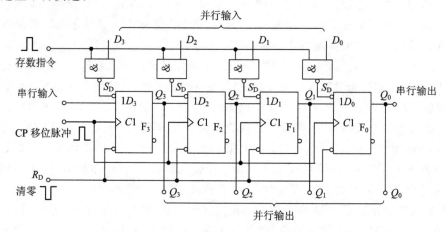

图 5 - 33　用 D 触发器组成的四位右移位寄存器

三、集成移位寄存器

在实际应用中，一般采用集成寄存器。集成移位寄存器产品较多，现以比较典型的四位双向移位寄存器 74LS194 为例进行简要说明。

1. 四位双向移位寄存器 74LS194 的功能

74LS194 是一种功能比较齐全的移位寄存器，它不仅有清零、保持、左移位和右移位功能，还有并行或串行输入及并行或串行输出功能。74LS194 引脚排布图、逻辑符号如图 5 - 34 所示，功能表如表 5 - 10 所示。

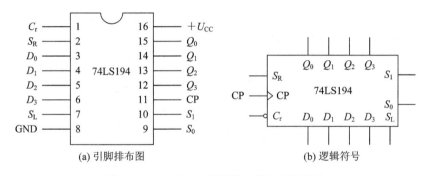

(a) 引脚排布图　　　　　　　(b) 逻辑符号

图 5-34　74LS194 引脚排布图与逻辑符号

表 5-10　四位双向移位寄存器 74LS194 功能表

输　　入										输　　出				功能说明
C_r	S_1	S_0	CP	S_L	S_R	D_0	D_1	D_2	D_3	Q_0	Q_1	Q_2	Q_3	
0	×	×	×	×	×	×	×	×	×	0	0	0	0	置 0
1	×	×	0	×	×	×	×	×	×	Q_0	Q_1	Q_2	Q_3	保持
1	1	1	↑	×	×	d_0	d_1	d_2	d_3	d_0	d_1	d_2	d_3	并行送数 S_R，S_L 输入均无效
1	0	1	↑	×	1	×	×	×	×	1	Q_0^n	Q_1^n	Q_2^n	右移
1	0	1	↑	×	0	×	×	×	×	0	Q_0^n	Q_1^n	Q_2^n	右移
1	1	0	↑	1	×	×	×	×	×	Q_1^n	Q_2^n	Q_3^n	1	左移
1	1	0	↑	0	×	×	×	×	×	Q_1^n	Q_2^n	Q_3^n	0	左移
1	0	0	×	×	×	×	×	×	×	Q_0^n	Q_1^n	Q_2^n	Q_3^n	保持

注：74LS194 输出端 Q_0 是最高位，Q_3 是最低位。

D_0、D_1、D_2、D_3 是并行输入，Q_0、Q_1、Q_2、Q_3 是并行输出，Q_0 和 Q_3 也分别是左移位和右移位输出。S_L 是左移位输入端，S_R 是右移位输入端。C_r 是异步置"0"端，C_r 为低电平时清零，即当 $C_r=0$ 时，各触发器都置"0"，而且清零时与 CP 无关，故为异步清零。S_1，S_0 是工作模式控制端，它们的不同组合将决定 74LS194 应该执行什么功能，即

$$S_1 S_0 = 00 \qquad 保持$$
$$S_1 S_0 = 01 \qquad 右移$$
$$S_1 S_0 = 10 \qquad 左移$$
$$S_1 S_0 = 11 \qquad 并行送数$$

除了保持功能和清零功能与 CP 无关外，其余功能都必须在 CP 的控制下才能实现。

2. 集成移位寄存器的扩展

实际应用中，常会遇到现有寄存器位数少而实际需用寄存的数据位数较多的情况，这时可采用几片集成电路连在一起组成多位寄存器(称之为扩展)。图 5-35 是由两片 74LS194 连接而成的八位双向移位寄存器。由图 5-35 可知，低位 74LS194 的输出 Q_0 接到高位 74LS194 的左移位输入端 S_L，加高位 74LS194 的输出 Q_3 接到低位 74LS194 的右移位输入端 S_R。并将两片 C_r，S_1，S_0 分别并联。这样连接后两片的 8 个输出端为整个八位移存器的并行输出端 $Y_0 \sim Y_7$，两片的 8 个输入端成了八位数码并行输入端 $A_0 \sim A_7$，高位

74LS194 的 S_R 是这个八位移存器的右移输入端，低位 74LS194 的 S_L 为整个八位移存器的左移输入端。其工作过程与单片四位移位寄存器相同。

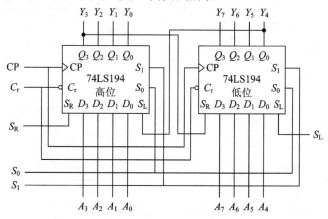

图 5-35　由两片 74LS194 连接而成的八位双向移位寄存器

5.3　项目实施

5.3.1　计数器及其应用测试训练

一、训练目的

（1）学习用集成触发器的使用方法。

（2）掌握计数器的使用方法。

二、训练说明

计数器是一种用来实现计数功能的时序逻辑部件，它不仅能实现脉冲的计数功能，还具有数字系统的定时、分频和执行数字运算以及其他特定的逻辑功能。

计数器的种类繁多，分类方法也有多种。如按触发方式可分为同步计数器和异步计数器；按计数器过程中数字的增减趋势可分为加法计数器、减法计数器和可逆计数器；按计数器的数制分类，则可分为二进制计数器、十进制计数器和任意进制计数器等。

三、训练内容及步骤

1. 用 74LS74 构成二进制异步加（减）法计数器

（1）按图 5-36 连接电路。

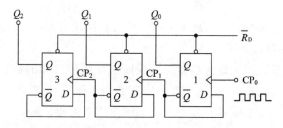

图 5-36　三位二进制异步加法计数器

图 5-36 中 R_D 端接至电平开关插孔，并常态处于高电平。低位 CP 端接单次脉冲源，输出端 Q_2、Q_1、Q_0 接电平显示器插孔。

（2）清零后，加入手动计数脉冲，观察并记录触发器状态于表 5 - 11 中。

表 5 - 11 用 74LS74 构成的二进制异步加法器测试表

CP 数	二进制数			十进制数
	Q_2	Q_1	Q_0	
0				
1				
2				
3				
4				
5				
6				
7				
8				

（3）在 CP 端加入 1 kHz 连续脉冲，用双踪示波器观察 CP、Q_0、Q_1、Q_2 端波形，描绘于图 5 - 37 中的相应位置。

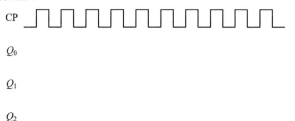

图 5 - 37 三位二进制异步加法计数器工作波形图

（4）将图 5 - 36 电路中低位触发器的 Q 端与高一位的 CP 端相连，构成减法计数器，按测试内容（2）、（3）重新进行测试并记录。

2. 中规模集成计数器 74LS161 的应用

（1）分析并测试如图 5 - 38 所示的用 74LS161 及门电路组成的十进制计数器电路，并将结果记录于表 5 - 12 中。

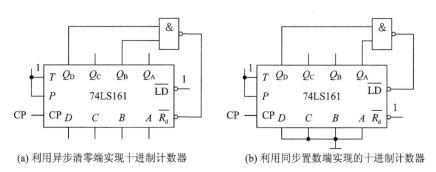

(a) 利用异步清零端实现十进制计数器   (b) 利用同步置数端实现的十进制计数器

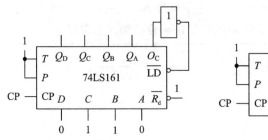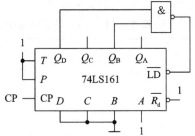

(c) 利用LD端实现到1111结束的十进制计数器　　　　(d) 利用LD端实现到1010结束的十进制计数器

图 5－38　用 74LS161 及门电路组成的十进制计数器

表 5－12　用 74LS161 及门电路组成的十进制计数器测试表

CP 数	二进制数				十进制数
	Q_3	Q_2	Q_1	Q_0	
0	0	0	0	0	
1					
2					
3					
4					
5					
6					
7					
8					
9					
10					

（2）用两片 74LS161 组成二十四进制计数器，画出电路原理图，并接线测试。

5.3.2　移位寄存器及其应用测试训练

一、训练目的

（1）熟悉移位寄存器的工作原理。

（2）掌握移位寄存器的使用方法。

二、训练说明

移位寄存器是一个具有移位功能的寄存器，其寄存的代码能够在移位脉冲的作用下依次左移或右移。既能左移又能右移的寄存器称为双向移位寄存器，使用时只要改变左、右移的控制信号使得实现双向位移要求。移位寄存器根据其存取信息的方式不同分为：串入串出、串入并出、并入串出、并入并出四种形式。

移位寄存器应用范围很广，本测试训练除测试移位寄存器逻辑功能之外，还研究其作为环形计数的一个具体应用线路。

三、训练内容及步骤

1. 测试 74LS194 的逻辑功能

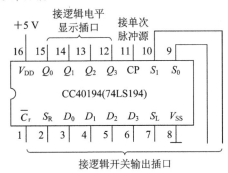

图 5-39 74LS194 的逻辑功能测试

按图 5-39 接线，并按表 5-13 规定的输入状态逐项进行测试，结果记入表 5-13 并总结其功能。

（1）清除。其他输入端为任意状态，令 $\overline{C_r}=0$，此时寄存器输出 Q_3、Q_2、Q_1、Q_0 应均为 0。清除后置 $\overline{C_r}=1$。

（2）并行送数。令 $S_1=S_0=1$，送入任意 4 位进制数，如：$D_3D_2D_1D_0=1001$，加 CP 脉冲，观察寄存器输出状态的变化及变化发生的时刻。

（3）右移。清零后，令 $S_1=0$，$S_0=1$，由右移输入端 S_R 送入二进制数码如 0100，由 CP 端连续加 4 个脉冲，观察输出情况并记录。

（4）左移。清零后，令 $S_1=1$，$S_0=0$，由左移输入端 S_L 送入二进制数码如 1111，连续加四个脉冲，观察输出端情况并记录。

（5）保持。清零后先给寄存器预置任意四位二进制数码 dcba，令 $S_1=S_0=0$，加 CP 脉冲，观察寄存器输出状态并记录。

表 5-13 74LS194 逻辑功能测试表

清除	模式		时钟	串行		输入	输出	功能总结
C_r	S_1	S_0	CP	S_L	S_R	$D_0\,D_1\,D_2\,D_3$	$Q_0\,Q_1\,Q_2\,Q_3$	
0	×	×						
1	1	1						
1	0	1						
1	0	1						
1	0	1						
1	0	1						
1	1	0						
1	1	0						
1	1	0						
1	1	0						
1	0	0						

2. 用 74LS194 组成顺序脉冲发生器(环型计数器)

由 74LS194 组成的四节拍顺序脉冲发生器(四位右循环计数器)如图 5-40 所示。

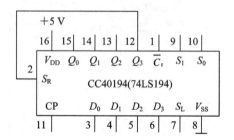

图 5-40 由 74LS194 组成的四位环型计数器

1) 环型计数器功能测试

参照图 5-40 所示电路,按照表 5-14 要求测试、记录数据,并总结其逻辑功能。

表 5-14 环型计数器功能测试表

清 除	模 式		时 钟	并行输入	输 出	功能总结
C_r	S_1	S_0	CP	$D_0 D_1 D_2 D_3$	$Q_0 Q_1 Q_2 Q_3$	
1	1	1		0 1 1 1		
1	0	1				
1	0	1				
1	0	1				
1	0	1				

2) 顺序脉冲发生器功能测试

(1) 参照图 5-40 所示电路,将电路接为右循环计数器。

(2) 置入二进制数 1000,输入手动或 1 Hz 连续 CP 信号,观察寄存器输出端的变化,记入表 5-15 中。

表 5-15 顺序脉冲发生器功能测试表

CP	Q_0	Q_1	Q_2	Q_3
0	1	0	0	0
1				
2				
3				
4				

5.3.3　项目操作指导

一、元器件资料查阅

通过 http://www.cndzz.com 或 http://www.21ic.com 等网站搜索 CC40110、LED、NE555 等芯片的资料(功能、引脚排布图等)。

二、元器件检测

对 CC40110、NE555、LED、74LS00 等芯片进行功能检测。

三、电路组装

将检验合格的元器件按逻辑电路所示安装、焊接在电路板上。

四、电路调试

(1) 仔细检查、核对电路与元器件,确认无误后加入规定的+5V 直流电压。

(2) 通电后按下按钮开关 S_1,发光二极管 LED1 应发光,维持时间约为 1 s,调节 R_p 应可改变发光二极管发光的时间,说明 555 单稳态触发电路工作正常。

(3) 测频功能调节:接入被测信号(信号频率 1 Hz~999 Hz),按下按钮,数码管显示一次被测信号频率。为保证测频仪的测量精确度,必须确保 555 单稳态触发电路暂稳态的维持时间为 1 s。可以先将一被测频率接入标准频率计,读出读数;然后接入实验的测频仪中,调节 R_p 的值,直至测频仪的读数等于标准频率计的读数为止。

调试时一定要小心,通电前观察电路板有无明显的故障处。例如,元器件的短路、损坏以及脱落,导线有无搭桥、断路等明显故障。通电后,观察电路有无异常现象,如冒烟、发热现象,一旦有异常,应立刻关闭电源。

五、故障分析与排除

对于简易测频仪故障来说,可将该电路分为取样脉冲产生、门槛(与门)电路、计数\译码\显示电路等三部分,出现什么故障就查那一部分电路。例如,如果出现数码管没有显示,那么可先查译码显示电路,调试有无七段码数据输出;如果译码显示电路没有问题则查计数电路,检查计数器 CC40110 有无输入脉冲,功能端信号是否正常;如果计数电路没有问题,再检查与门电路;如果与门电路没有问题,继续检查取样脉冲产生电路有无秒脉冲,直至找出故障点。

5.4　项目总结

序逻辑电路的特点是在任何时刻的输出不仅和输入有关,而且还取决于电路原来的状态。为了记忆电路的状态,时序逻辑电路必须包含存储电路,存储电路通常以触发器为基本单元电路组成。时序逻辑电路可分为同步时序逻辑电路和异步时序逻辑电路两类。时序逻辑电路的分析,就是由逻辑图到状态图的转换。

计数器是一种应用十分广泛的时序逻辑电路,除用于计数、分频外,还广泛用于数字测量、运算和控制,从小型数字仪表,到大型数字计算机,几乎无所不在,是现代数字系统中不可缺少的组成部分。计数器可利用触发器和门电路构成,但在实际工作中,主要应用集成计数器。在用集成计数器构成 N 进制计数器时,需要利用清零端和预置数端,让电路跳过某些状态来获得 N 进制计数器。

寄存器是用来存放二进制数据或代码的电路，任何现代数字系统都必须把需要处理的数据或代码现寄存起来，以便随时取用。寄存器分为数码寄存器和移位寄存器两大类。寄存器的应用很广，特别是移位寄存器，不仅可将串行数码转换成并行数码，而且可以将并行数码转换成串行数码，还可以很方便地构成移位寄存器型计数器和顺序脉冲发生器等。

练习与提高 5

一、填空题

1. 寄存器按照功能不同可分为两类：_____ 寄存器和 _____ 寄存器。

2. 数字电路按照是否有记忆功能通常可分为：_____ 和 _____。

3. 时序逻辑电路按照其触发器是否有统一的时钟可分为 _____ 时序逻辑电路和 _____ 时序逻辑电路。

4. 四位右移移位寄存器初始状态为 0000，在 4 个 CP 脉冲作用下，输入的数码依次为 1011，当 $S_R = 1$ 时经过 3 个 CP 周期后，有 _____ 位数码被移入寄存器中，串行输出的状态是 _____，并行输出的状态是 _____。

5. 四位二进制加法计数器原态为 0111，当下一个时钟脉冲到来时，计数器的状态变为 _____。

6. 构成一个六进制计数器最少要采用 _____ 个触发器，这时构成的电路有 _____ 个有效状态，有 _____ 个无效状态。

7. 使用 4 个触发器构成的计数器最多有 _____ 个有效状态。

二、判断题

1. 同步时序逻辑电路由组合逻辑电路和存储电路两部分组成。 （　　）

2. 组合逻辑电路不含有记忆功能的器件。 （　　）

3. 时序逻辑电路不含有记忆功能的器件。 （　　）

4. 同步时序逻辑电路所有触发器由同一个时钟 CP 控制。 （　　）

5. 异步时序逻辑电路的各级触发器类型不同。 （　　）

6. D 触发器的特征方程 $Q^{n+1} = D$，与 Q^n 无关，所以 D 触发器不是时序逻辑电路。

（　　）

7. 把一个五进制计数器与一个十进制计数器串联可得到十五进制计数器。 （　　）

三、选择题

1. 同步计数器和异步计数器相比较，同步计数器的显著优点是 _____。

A. 工作速度高

B. 触发器利用率高

C. 电路简单

D. 不受时钟 CP 控制

2. 把一个五进制计数器与一个四进制计数器串联可得到 _____ 进制计数器。

A. 4　　　　　　　　B. 5　　　　　　　　C. 9　　　　　　　　D. 20

3. 下列逻辑电路中为时序逻辑电路的是_____。

A. 变量译码器　　　　　　　　　　B. 加法器

C. 数码寄存器　　　　　　　　　　D. 数据选择器

4. N 个触发器可以构成最大计数长度（进制数)为_____的计数器。

A. N　　　　　B. $2N$　　　　　C. N^2　　　　　D. 2^N

5. N 个触发器可以构成能寄存_____位二进制数码的寄存器。

A. $N-1$　　　　B. N　　　　　C. $N+1$　　　　D. $2N$

6. 同步时序电路和异步时序电路比较，其差异在于后者_____。

A. 没有触发器　　　　　　　　　　B. 没有统一的时钟脉冲控制

C. 没有稳定状态　　　　　　　　　D. 输出只与内部状态有关

7. 1 位 8421BCD 码计数器至少需要_____个触发器。

A. 3　　　　　B. 4　　　　　C. 5　　　　　D. 10

8. 八位移位寄存器，串行输入时经_____个脉冲后，八位数码全部移入寄存器中。

A. 1　　　　　B. 2　　　　　C. 4　　　　　D. 8

9. 用二进制异步计数器从 0 做加法，计到十进制数 178，则至少需要_____个触发器。

A. 2　　　　　B. 6　　　　　C. 7

D. 8　　　　　E. 10

10. 某电视机水平-垂直扫描发生器需要一个分频，将 31 500 Hz 的脉冲转换为 60 Hz 的脉冲，欲构成此分频器至少需要_____个触发器。

A. 10　　　　　B. 60　　　　　C. 525　　　　　D. 31 500

11. 一个四位二进制异步加法计数器用作分频器时，能输出脉冲信号的频率有_____个。

A. 8　　　　　B. 4　　　　　C. 2

12. 可预置数的十进制减法计数器，预置初始值为 1001，当输入第 6 个计数脉冲后，其输出为_____状态。

A. 0101　　　　B. 0110　　　　C. 0011

四、综合题

1. 试分析如题图 5-1 所示的同步计数器电路，列出状态转移表，说明该计数器的模，并分析该计数器能否自启动。

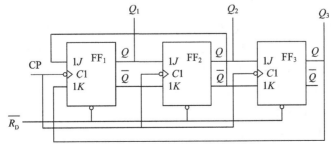

题图 5-1

2. 用示波器观察某计数器的三个触发器的输出端 Q_0、Q_1、Q_2，得到如题图 5-2 所示的波形，求出该计数器的模数（进制），并列表表示出其计数状态。

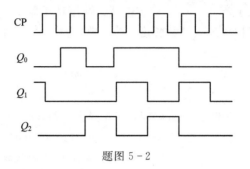

题图 5-2

3. 用下降沿触发的 D 触发器设计一个五进制计数器。

4. 逻辑电路如题图 5-3 所示，分析该电路是几进制计数器，并画出其状态图。

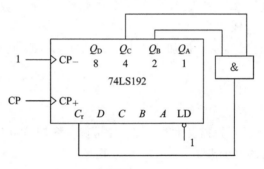

题图 5-3

5. 逻辑电路如题图 5-4 所示，分析该电路是几进制计数器，并画出其状态图。

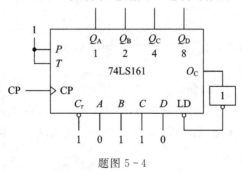

题图 5-4

6. 利用 74LS161 构成十三进制计数器。

7. 用 74LS192 采用反馈置数法设计一个五进制加法计数器，起始状态为 0000。

8. 趣味制作——拔河游戏机（见题图 5-5）：

要求：（1）查阅所有芯片相关资料，分析电路功能；

      （2）列出元器件清单，自行采购；

      （3）制作电路并测试验证。

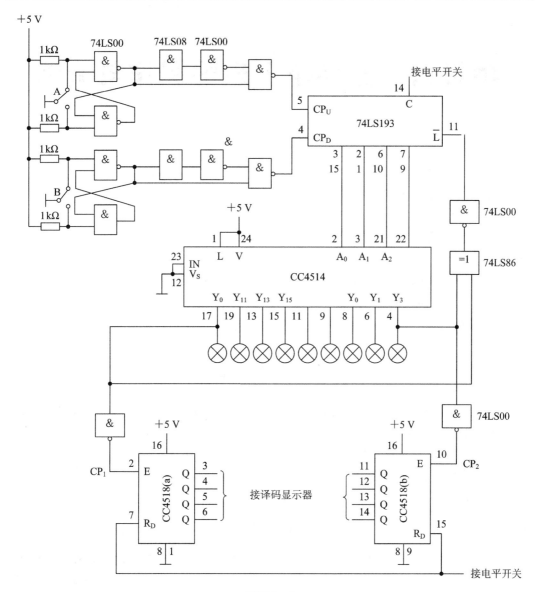

题图 5 - 5

项目六　数字电压表的制作与调试

知识目标：

(1) 理解 A/D 转换器的构成框图、分类、特点。

(2) 理解 D/A 转换器的构成框图、分类、特点。

(3) 掌握元器件的测试，会正确安装调试电路。

(4) 理解集成 A/D、D/A 转换器的应用电路。

能力目标：

(1) 掌握数字集成电路资料查阅、识别、测试与选取的方法。

(2) 掌握数字集成电路的测试、安装、调试与检修。

(3) 能使用示波器观测放大电路波形。

6.1　项目描述

模/数(A/D)转换就是将模拟信号转换成数字信号，数/模(D/A)转换就是将数字信号转换为模拟信号。本项目将介绍模/数和数/模转换器的基本原理及典型器件的应用，就是通过数字温度计、数字电压表、数控电源等三个项目学习情境的训练，来掌握集成模/数、数/模转换电路的特点和应用。

本项目的任务是制作一个数字电压表。

6.1.1　项目学习情境：数字电压表的制作与调试

如图 6-1 所示数字电压表的电路原理图，制作与调试该数字电压表，需要完成的主要任务有：① 查阅集成电路 CC14433、CC4511 等芯片的相关资料；② 分析电路工作原理；③ 根据电路参数进行元器件采购与检测；④ 进行电路元器件的安装、单元电路测试与整机调试；⑤ 撰写电路制作报告。

6.1.2　电路分析与电路元器件参数及功能

一、电路分析

如图 6-1 所示电路，被测直流电压 U_1 经 A/D 转换后从数字量输出端 $Q_0Q_1Q_2Q_3$（以 8421 码）按照时间先后顺序输出，即以动态扫描形式输出，位选信号 DS_1、DS_2、DS_3、DS_4 通过位选开关分别控制着千位、百位、十位和个位上的 4 只 LED 数码管的公共阴极。$Q_0Q_1Q_2Q_3$ 数字信号经七段译码器 CC4511 译码后，驱动 4 只 LED 数码管的各段阳极。这样就把 A/D 转换器按时间顺序输出的 4 位数据以动态扫描形式在 4 个数码管上依次显示出来。由于选通重复频率较高，工作时从高位到低位以每位每次约 300 μs 的速率循环显示,即一个 4 位数的显示周期是 1.2 ms,所以人的肉眼就能清晰地看到 4 个数码管同时显示 7/2 位十进制数字量。

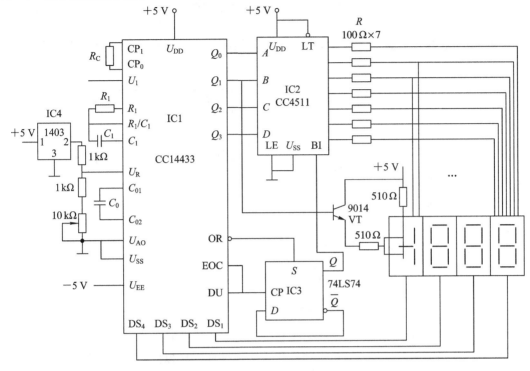

图 6-1 数字电压表电路图

二、电路元器件参数及功能

数字电压表电路元器件参数及功能如表 6-1 所示。

表 6-1 数字电压表电路元器件参数及功能

序号	元器件代号	名 称	型号及参数	功 能
1	IC1	A/D 转换器	CC14433	将模拟信号转换为数字信号
2	IC2	显示译码器	CC4511	BCD 译码为七段码
3	IC3	双 D 触发器	74LS74	过量程指示电路
4	IC4	精密基准电源	5G1403	提供 2.5 V 基准电压
5	IC5	七路达林顿驱动器系列	5G1413	驱动及反相
6	LED	数码管(个、十、百位)	CL-5161AS	显示被测电压值
7	LED	符号管(千位)	BS302	显示千位 1 和极性符号
8	VT	三极管	9014	驱动符号管符号位
9	R_C	碳膜电阻	1/4 W-470 kΩ	改变时钟频率
10	R_1	碳膜电阻	1/4 W-470 kΩ	积分电路
11	C_1	电容器	瓷介-104	
12	C_0	电容器	瓷介-104	补偿电容
13	$R \times 7$	碳膜电阻	1/4 W-100 Ω	限流电阻

6.2 知识链接

数/模、模/数转换器是沟通模拟领域和数字领域的桥梁,图6-2是数字控制系统结构示意框图。

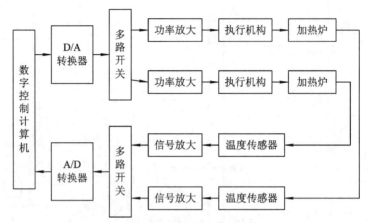

图6-2 数字控制系统结构示意框图

随着数字电子技术的迅速发展,尤其是数字电子计算机的普遍应用,用数字电路处理模拟信号的应用电路越来越多。为了能够用数字系统处理模拟信号,必须把模拟信号转换成相应的数字信号,才能够送入数字系统(例如计算机等)中进行处理。同时,还经常需要把处理后得到的数字信号再转换成相应的模拟信号,作为最后的输出。把前一种从模拟信号到数字信号的转换称为模/数转换(或 A/D 转换),把后一种从数字信号到模拟信号的转换称为数/模转换(或 D/A 转换)。

与此同时,把实现 A/D 转换的电路称为 A/D 转换器,而把实现 D/A 转换的电路称为 D/A 转换器。

6.2.1 模/数(A/D)转换

一、ADC(A/D 转换器)的基本工作原理

A/D 转换是将模拟信号转换为数字信号。

转换过程通过取样、保持、量化和编码四个步骤完成。通常取样和保持是利用同一电路连续进行的,量化和编码也是在转换过程中同时实现的。

1. 取样和保持

取样(也称为采样或抽样)是将时间上连续变化的信号转换为时间上离散的信号,即将时间上连续变化的模拟量转换为一系列等间隔的脉冲,脉冲的幅度取决于输入的模拟信号。

采样和保持的电路示意图和波形图分别如图6-3(a)、(b)所示。图中 $U_1(t)$ 为输入模拟信号,$S(t)$ 为采样脉冲,$U_0'(t)$ 为取样后的输出信号。

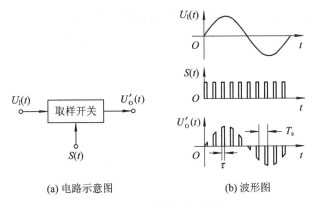

(a) 电路示意图　　　　　　　　(b) 波形图

图 6 - 3　取样保持过程图

在取样脉冲作用期 τ 内，取样开关接通，使 $U'_o(t)=U_1(t)$，在其他时间$(T_s\sim\tau)$内，输出 $U'_o=0$。因此，每经过一个取样周期，对输入信号取样一次，在输出端便得到输入信号的一个取样值。为了不失真地恢复原来的输入信号，根据取样定理，一个频率有限的模拟信号，其取样频率 f_s 必须大于等于输入模拟信号包含的最高频率 f_{max} 的两倍，即取样频率必须满足 $f_s\geqslant 2f_{max}$。

模拟信号经采样后，得到一系列样值脉冲。采样脉冲宽度 τ 一般是很短暂的，在下一个采样脉冲到来之前，应暂时保持所取得的样值脉冲幅度，以便进行转换。因此，在取样电路之后需加保持电路。

图 6 - 4(a)是一种常见的取样保持电路，场效应管 V 为采样门，电容 C 为保持电容，运算放大器为跟随器，起缓冲隔离作用。在取样脉冲 $S(t)$ 到来的时间 τ 内，场效应管 V 导通，输入模拟信号 $U_1(t)$ 向电容充电；假定充电时间常数远小于 τ，那么 C 上的充电电压能及时跟上 $U_1(t)$ 的采样值。采样结束，V 迅速截止，电容 C 上的充电电压就保持了前一取样时间 τ 的输入 $U_1(t)$ 的值，一直保持到下一个取样脉冲到来为止。当下一个取样脉冲到来后，电容 C 上的电压再次跟随输入 $U_1(t)$ 变化。在输入一连串取样脉冲序列后，取样保持电路的缓冲放大器输出电压 $U_O(t)$ 便得到如图 6 - 4(b)所示的波形。

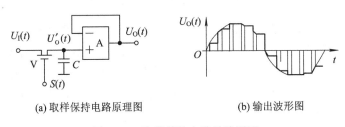

(a) 取样保持电路原理图　　　　　　　(b) 输出波形图

图 6 - 4　取样保持电路及波形图

2. 量化和编码

输入的模拟信号经过取样保持后，得到的是阶梯波。由于阶梯的幅度是任意的，将会有无限个数值，因此，该阶梯波仍是一个可以连续取值的模拟信号。另一方面，由于数码的位数有限，只能表示有限个数值(n 位数码只能表示 $2n$ 个数值)。因此，用数码来表示连续变化的模拟量时就有一个类似于四舍五入的近似问题。必须将取样后的样值电平归化到与之接近的离散电平上，这个过程称为量化。指定的离散电平称为量化电平。用二进制数码来表示各个量化电平的过程称为编码。两个量化电平之间的差值称为量化间隔 S，位数越多，量化等级越细，S 就越小。取样保持后未量化的 U_O 值与量化电平 U_q 值通常是不相等的，其差值称为量化误差 δ，即 $\delta = U_O - U_q$。量化的方法一般有两种：只舍不入法和有舍有入法，分别如图 6-5(a)、(b)所示。

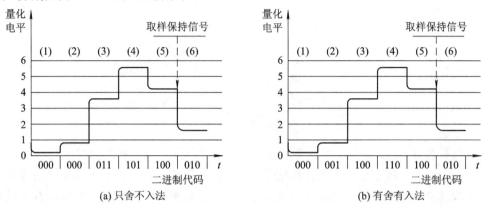

图 6-5　两种量化方法

二、逐次逼近型 ADC

逐次逼近型 ADC 的结构框图如图 6-6 所示，包括四个部分：电压比较器、D/A 转换器、逐次逼近寄存器和控制逻辑。

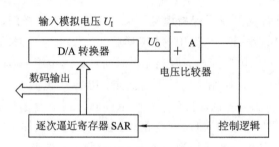

图 6-6　逐次逼近型 ADC 的结构框图

逐次逼近型 ADC 是将大小不同的参考电压与输入模拟电压逐步进行比较，比较结果以相应的二进制代码表示。转换前先将寄存器清零，转换开始后，控制逻辑将寄存器的最高位置 1，使其输出为 100…0。这个数码被 D/A 转换器转换成相应的模拟电压 U_O，送到比较器与输入 U_I 进行比较：若 $U_O > U_I$，说明寄存器输出数码过大，故将最高位的 1 变成 0，同时将次高位置 1；若 $U_O < U_I$，说明寄存器输出数码还不够大，应将这一位的 1 保留，依此类推将下一高位置 1 进行比较，直到最低为为止。比较结束，寄存器中的状态就是转化后的数字输出，此比较过程与用天平称量一个物体重量时的操作一样，只不过是用的砝码重量依次减半。

三、主要技术指标

1. 分辨率

分辨率指 A/D 转换器对输入模拟信号的分辨能力。从理论上讲，一个 n 位二进制数输出的 A/D 转换器应能区分输入模拟电压的 2^n 个不同量级，能区分输入模拟电压的最小差异为满量程输入时的 FSR/2^n（FSR 为满量程输入）。在最大输入电压一定时，输出位数愈多，量化单位愈小，分辨率愈高。例如，A/D 转换器的输出为 12 位二进制数，最大输入模拟信号为 10 V，则该 A/D 转换器的分辨率为

$$分辨率 = \frac{1}{2^{12}} \times 10 \text{ V} = \frac{10 \text{ V}}{4096} = 2.44 \text{ mV}$$

2. 转换速度

转换速度是指完成一次转换所需的时间。转换时间是从接到转换启动信号开始，到输出端获得稳定的数字信号所经过的时间。A/D 转换器的转换速度主要取决于转换电路的类型，不同类型 A/D 转换器的转换速度相差很大。双积分型 A/D 转换器的转换速度最慢，需几百毫秒左右；逐次逼近型 A/D 转换器的转换速度较快，转换速度在几十微秒；并联型 A/D 转换器的转换速度最快，仅需几十纳秒时间。

3. 相对精度（转换误差）

在理想情况下，输入模拟信号所有转换点应当在一条直线上，但实际的特性不能做到输入模拟信号所有转换点在一条直线上。相对精度是指实际的转换点偏离理想特性的误差。显然，误差越小，相对精度越高。

6.2.2　数/模(D/A)转换

一、D/A 转换器的基本工作原理

D/A 转换器是将输入的二进制数字信号转换成模拟信号，以电压或电流的形式输出，因此，D/A 转换器可以看做是一个译码器。一般常用的是线性 D/A 转换器，其输出模拟电压 U 和输入数字量 D 之间成正比关系，即 $U = kD$，其中 k 为常数。

D/A 转换器的一般结构如图 6-7 所示，图中数据锁存器用来暂时存放输入的数字信号，这些数字信号控制模拟电子开关，将参考电压按位切换到电阻译码网络中变成加权电压，然后经运放求和，输出相应的模拟电压，完成 D/A 转换过程。

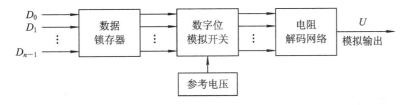

图 6-7　D/A 转换器的一般结构

DAC 的类型有权电阻网络 DAC、T 形电阻网络 DAC、倒 T 形电阻网络 DAC 等。倒 T 形电阻网络 DAC 结构简单，速度高，精度高，且动态过程中不出现尖峰脉冲，是目前转换速度较高且使用较多的一种转换器。

二、倒 T 形电阻网络 D/A 转换器

一个四位倒 T 形电阻网络 DAC（按同样结构可以将它的位数扩展到任意位）如图 6-8 所示，它由数据锁存器、模拟电子开关、R-$2R$ 倒 T 形电阻网络、运算放大器及基准电压源 U_{REF} 组成。

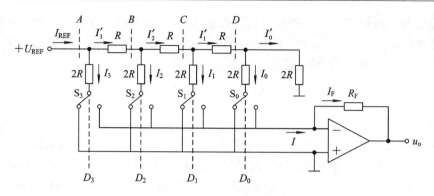

图 6-8　四位倒 T 形电阻网络 DAC

模拟电子开关 S_3、S_2、S_1、S_0 分别受数据锁存器输出的数字信号 D_3、D_2、D_1、D_0 的控制。当某位数字信号为 1 时，相应的模拟电子开关接至运算放大器的反相输入端；若为 0 则接至同相输入端，开关 S_3、S_2、S_1、S_0 在运算放大器求和点与地之间转换，因此，无论数字信号如何变化总有如下结论成立：

(1) 分别从虚线 A、B、C、D 处向右看的二端网络的等效电阻都是 R。

(2) 不论模拟开关接到运算放大器的反相输入端（虚地）还是接到同相输入端（地），也就是不论输入数字信号是 1 还是 0，各支路的电流不变。

(3) 由 U_{REF} 向里看的等效电阻为 R，数码无论是 0 还是 1，开关 $S_i(i=0,1,2,3)$ 都相当于接地。因此，由 U_{REF} 流出的总电流为 $I_{REF}=U_{REF}/R$，而流入 $2R$ 支路的电流是以 2 的倍速递减，流入运算放大器的电流为

$$I_\Sigma = D_{n-1}\frac{I}{2^1} + D_{n-2}\frac{I}{2^2} + \cdots + D_1\frac{I}{2^{n-1}} + D_0\frac{I}{2^n}$$

$$= \frac{I}{2^n}(D_{n-1}2^{n-1} + D_{n-2}2^{n-2} + \cdots + D_1 2^1 + D_0 2^0)$$

$$= \frac{I}{2^n}\sum_{i=0}^{n-1} D_i 2^i$$

运算放大器的输出电压为

$$U_O = -I_\Sigma R_F = -\frac{IR_F}{2^n}\sum_{i=0}^{n-1} D_i 2^i$$

若 $R_f = R$，并将 $I_{REF}=U_{REF}/R$ 代入上式，则有

$$U_O = -\frac{U_R}{2^n}\sum_{i=0}^{n-1} D_i 2^i$$

从参考电压端输入的电流为

$$I_{REF} = \frac{U_{REF}}{R}$$

可见，输出模拟电压正比于数字量 2^i。

三、主要技术指标

1. 分辨率

分辨率用输入二进制数的有效位数表示。在分辨率为 n 位的 D/A 转换器中，输出电压能区分 2^n 个不同的输入二进制代码状态，给出 2^n 个不同等级的输出模拟电压。

分辨率也可以用 D/A 转换器的最小输出电压 U_{LSB} 与最大输出电压 U_{FSR} 的比值来表示，即

$$分辨率 = \frac{U_{LSB}}{U_{FSR}} = \frac{1}{2^n - 1}$$

2. 转换精度

DAC 的转换精度与转换误差有关。在实际应用中，常将转换精度分为绝对精度和相对精度。绝对精度表示 D/A 转换器的实际输出模拟电压值与理论值之差，一般应低于数字量最低有效位(LSB)的 1/2；相对转换精度表示在量程范围内，任一数码的模拟量输出与理论值之差，一般用相对于数字量最低有效位的多少倍来表示，如 $\pm LSB/2$、$\pm 1LSB$ 等。

3. 输出建立时间

从输入数字信号起，到输出电压或电流到达稳定值时所需要的时间，称为输出建立时间。通常以大信号工作下，输入由全 0 变为全 1 或由全 1 变为全 0 时，输出电压达到某一规定值所需的时间作为输出建立时间。

6.2.3　集成 A/D 与 D/A 介绍

一、八位集成 ADC0809

1. ADC0809 的结构

ADC0809 的结构框图及引脚排列图如图 6-9 示。ADC0809 由八路模拟开关、地址锁存与译码器、ADC、三态输出锁存缓冲器组成。适用于数据采集系统。

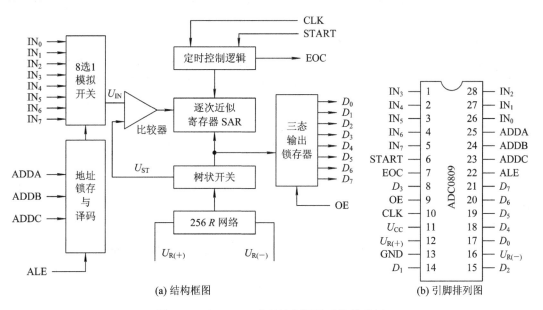

(a) 结构框图　　　　　　　(b) 引脚排列图

图 6-9　ADC0809 的结构框图及引脚排列图

八路模拟开关及地址锁存与译码：ADC0809 通过 $IN_0 \sim IN_7$ 可输入八路单端模拟电压。ALE 将三位地址线 ADDC、ADDB 和 ADDA 进行锁存，然后由译码电路选通八路模拟输入中的某一路进行 A/D 转换，地址译码与选通输入的关系如表 6-2 所示。

表 6 – 2 ADC0809 地址译码与选通输入的关系

通道号		0	1	2	3	4	5	6	7
地　址	ADDC	0	0	0	0	1	1	1	1
	ADDB	0	0	1	1	0	0	1	1
	ADDA	0	1	0	1	0	1	0	1

八位 D/A 转换器：ADC0809 内部由树状开关和 256R 电阻网络构成八位 D/A 转换器，其输入为逐次近似寄存器 SAR 的八位二进制数据，输出为 U_{ST}，变换器的参考电压为 $U_{R(+)}$ 和 $U_{R(-)}$。

逐次近似寄存器 SAR 和比较器：在比较前，SAR 为全 0。变换开始，先使 SAR 的最高位为 1，其余仍为 0，此数字控制树状开关输出 U_{ST}，U_{ST} 和模拟输入 U_{IN} 送比较器进行比较。若 $U_{ST} > U_{IN}$，则比较器输出逻辑 0，SAR 的最高位由 1 变为 0；若 $U_{ST} \leqslant U_{IN}$，则比较器输出逻辑 1，SAR 的最高位保持 1。此后，SAR 的次高位置 1，其余较低位仍为 0，而以前比较过的高位保持原来的值。再将 U_{ST} 和 U_{IN} 进行比较，此后的过程与上述类似，直到最低位比较完为止。

三态输出寄存器：转换结束后，SAR 的数字送入三态输出锁存器，以供读出。

2. 引脚功能

$IN_0 \sim IN_7$：8 路模拟输入信号。

$U_{R(+)}$ 和 $U_{R(-)}$：基准电压的正端和负端，由此施加基准电压，基准电压的中心点应在 $U_{CC}/2$ 附近，其偏差不应超过 ± 0.1 V。

ADDA、ADDB、ADDC：模拟输入端选通地址输入。

ALE：地址锁存允许信号输入。高电平有效。当 ALE 上升沿到来时，地址锁存器可对 ADDA、ADDB、ADDC 锁定。为了稳定锁存地址，即在 ADC 转换周期内模拟多路器稳定地接通在某一通道，ALE 脉冲宽度大于 100 ns，下一个 ALE 上升沿允许通道地址更新。实际使用中，要求 ADC 开始转换之前地址就应锁存，所以，通常将 ALE 和 START 连在一起，使用同一个脉冲信号，上升沿锁存地址，下降沿启动转换。

$D_7 \sim D_0$：数码输出。

OE：输出允许信号，高电平有效，即当 OE＝1 时，打开输出锁存器的三态门，将数据送出。

CLK：时钟脉冲输入端。一般在此端加 500 kHz 的时钟信号。

START：启动信号。为了启动 A/D 转换过程，应在此引脚加一个正脉冲，脉冲的上升沿将内部寄存器全部清 0，在其下降沿开始 A/D 转换过程。

EOC：转换结束信号输出端。在 START 信号上升沿之后 1～8 个时钟周期内，EOC 信号变为低电平。当转换结束后，数据可以读出时，EOC 变为高电平。EOC＝0 表示转换正在进行，EOC＝1 表示转换已经结束。根据 EOC 的这一特点，EOC 可以作为微机的中断请求信号或查询信号。显然，只有 EOC＝1 以后，才可以让 OE 为高电平，这时读出的数据才是正确的转换结果。

二、八位集成 DAC0832

根据 DAC 的位数、速度不同，集成 DAC 可以有多种型号。DAC0832 是常用的集成

DAC，它是用 COMS 工艺制成的双列直插式单片八位 DAC，由一个八位输入寄存器、一个八位 DAC 寄存器和一个八位 D/A 转换器三大部分组成，D/A 转换器采用了倒 T 形 $R-2R$ 电阻网络。由于 DAC0832 有两个可以分别控制的数据寄存器，所以，在使用时有较大的灵活性，可根据需要接成不同的工作方式。可以直接与 z80、8080、8085、mcs51 等微处理器相连接。其结构框图和引脚排列图如图 6-10 所示。

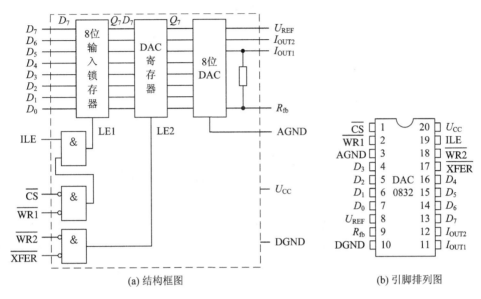

(a) 结构框图　　　　　　　　　(b) 引脚排列图

图 6-10　集成 DAC0832 结构框图和引脚排列图

DAC0832 中无运算放大器，且是电流输出，使用时须外接运算放大器。芯片中已设置了 R_{fb}，只要将 9 脚接到运算放大器的输出端即可。若运算放大器增益不够，还需外加反馈电阻。

DAC0832 各引脚的名称和功能如下：

ILE：输入锁存允许信号，输入高电平有效。

$\overline{CS}$：片选信号，输入低电平有效。

$\overline{WR1}$：输入数据选通信号，输入低电平有效。

$\overline{WR2}$：数据传送选通信号，输入低电平有效。

$\overline{XFER}$：数据传送选通信号，输入低电平有效。

$D_7 \sim D_0$：八位数据输入信号。

U_{REF}：参考电压输入。一般此端外接一个精确、稳定的电压基准源。U_{REF} 可在 -10 V 至 $+10$ V 范围内选择。

R_{fb}：反馈电阻（内已含一个反馈电阻）接线端。

I_{OUT1}：DAC 输出电流 1。此输出信号一般作为运算放大器的一个差分输入信号。当 DAC 寄存器中的各位为 1 时，电流最大；为全 0 时，电流为 0。

I_{OUT2}：DAC 输出电流 2。它作为运算放大器的另一个差分输入信号（一般接地）。I_{OUT1} 和 I_{OUT2} 满足的关系为

$$I_{OUT1} + I_{OUT2} = 常数$$

U_{CC}：电源输入端（一般取 $+5$ V）。

DGND：数字地。

AGND：模拟地。

从 DAC0832 的内部控制逻辑分析可知：当 ILE、$\overline{CS}$ 和 $\overline{WR1}$ 同时有效时，LE1 为高电平。在此期间，输入数据 $D_7 \sim D_0$ 进入输入寄存器。当 $\overline{WR2}$ 和 $\overline{XFER}$ 同时有效时，LE2 为高电平。在此期间，输入寄存器的数据进入 DAC 寄存器。八位 D/A 转换电路随时将 DAC 寄存器的数据转换为模拟信号（$I_{OUT1} + I_{OUT2}$）输出。

6.3 项目实施

6.3.1 D/A、A/D 转换器测试训练

一、训练目的

（1）了解 D/A 和 A/D 转换器的工作原理和基本结构。

（2）掌握大规模集成 D/A 和 A/D 转换器的功能及其典型应用。

二、训练说明

在数字电子技术的很多场合往往需要把模拟量转换为数字量，称为模/数转换（A/D 转换）；或把数字量转换成模拟量，称为数/摸转换（D/A 转换）。完成这种转换的线路有多种，特别是单片大规模集成 A/D、D/A 转换器的问世，为实现上述的转换提供了极大的方便。使用者只要借助于手册提供的器件性能指标及典型应用电路，即可正确使用这些器件。本实验采用大规模集成电路 DAC0832 实现 D/A 转换，采用 ADC0809 实现 A/D 转换。

1. D/A 转换器 DAC0832

DAC0832 是采用 CMOS 工艺制成的单片电流输出 8 位数/模转换器。图 6-11 是 DAC0832 单片 D/A 转换器的逻辑框图和引脚排列。

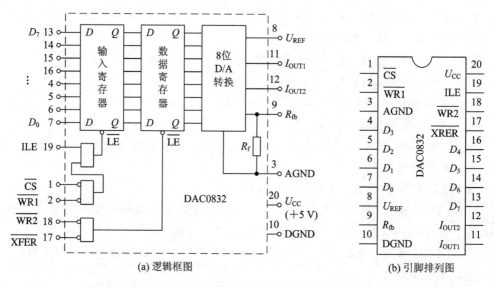

(a) 逻辑框图　　　　　(b) 引脚排列图

图 6-11　DAC0832 单片 D/A 转换器逻辑框图和引脚排列图

该器件的核心部分采用倒 T 形电阻网络的 8 位 D/A 转换器，如图 6-12 所示，由倒 T

形 R-$2R$ 电阻网络、模拟开关、运算放大器和参考电压 U_{REF} 四部分组成。

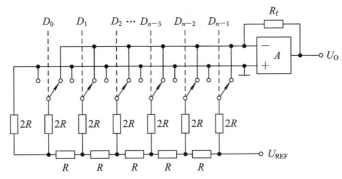

图 6-12　倒 T 形电阻网络的 8 位 D/A 转换器

图中运放 A 的输出电压为

$$U_O = \frac{U_{REF} \cdot R_f}{2^n R}(D_{n-1} \cdot 2^{n-1} + D_{n-2} \cdot 2^{n-2} + \cdots + D_0 \cdot 2^0)$$

由上式可见，输出电压 U_O 与输入的数字量成正比，这就实现了从数字量到模拟量的转换。

一个 8 位的 D/A 转换器，有 8 个输入端，每个输入端是 8 位二进制数中的一位，有一个模拟输出端，则输入可有 $2^8 = 256$ 个不同的二进制组态，对应输出为 256 个电压其中之一，即输出电压不是在整个电压范围内任意取值，只能是 256 个可能值中的一个。

DAC0832 的引脚功能如下：

$D_0 \sim D_7$：数字信号输入端。

ILE：输入寄存器允许，高电平有效。

$\overline{CS}$：片选信号，低电平有效。

$\overline{WR1}$：写信号 1，低电平有效。

$\overline{XFER}$：传送控制信号，低电平有效。

$\overline{WR2}$：写信号 2，低电平有效。

I_{OUT1}，I_{OUT2}：DAC 电流输出端。

R_{fb}：反馈电阻，是集成在片内的外接运放的反馈电阻。

U_{REF}：基准电压(-10~+10)V。

U_{CC}：电源电压(+5~+15)V。

AGND：模拟地。

DGND：数字地(可以和 AGND 接在一起使用)。

DAC0832 输出的是电流，要转换为电压，还必须经过一个对接的运算放大器，实验线路如图 6-13 所示。

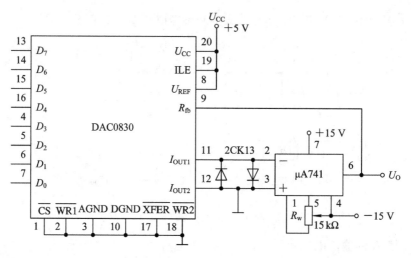

图 6-13　D/A 转换实验线路

2. A/D 转换器 ADC0809

ADC0809 是采用 CMOS 工艺制成的单片 8 位 8 通道逐次渐进型模/数转换器，其逻辑框图及引脚排列如图 6-14 所示。该器件的核心部分是 8 位 A/D 转换器，由比较器，逐次渐进寄存器，D/A 转换器以及定时和控制部分组成。

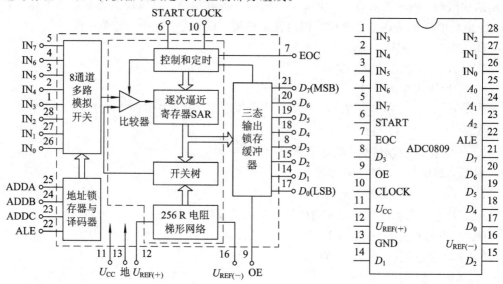

图 6-14　ADC0809 逻辑框图及引脚排列

ADC0809 的引脚功能如下：

$IN_0 \sim IN_7$：8 路模拟信号输入端。

A_2、A_1、A_0：地址输入端。

ALE：地址锁存允许信号，在此脚施加正脉冲，上升沿有效，此时锁存地址码，从而选用相应的模拟信号通道，以便进行 A/D 转换。

START：启动信号输入端，应在引脚施加正脉冲，当上升沿到达时，内部逐次逼近寄存器复位，在下降沿到达后，开始 A/D 转换过程。

EOC：转换结束信号{转换结束标志}，高电平有效。

OE：允许输入信号，高电平有效。

CLOCK{CP}：时钟信号输入端，外接时钟频率一般为 640 kHz。

U_{CC}：+5V 单电源供电。

$U_{REF(+)}$、$U_{REF(-)}$：基准电压的正、负极。一般 $U_{REF(+)}$ 接 +5V 电源，$U_{REF(-)}$ 接地。

$D_7 \sim D_0$：数字信号输出端。

8 路模拟开关由 A_2、A_1、A_0 三地址输入端选通 8 路模拟信号中的任何一路进行 A/D 转换，地址译码与模拟输入通道的选通关系如表 6-3 所示。

表 6-3　ADC0809 地址译码与模拟输入通道的选通关系

被选模拟通道		IN_0	IN_1	IN_2	IN_3	IN_4	IN_5	IN_6	IN_7
地址	A_2	0	0	0	0	1	1	1	1
	A_1	0	0	1	1	0	0	1	1
	A_0	0	1	0	1	0	1	0	1

三、实验内容及步骤

1. D/A 转换器 DAC0832 功能测试

(1) 按图 6-13 连接，电路接或直接方式，即 $\overline{CS}$、$\overline{WR1}$、$\overline{WR2}$、$\overline{XFER}$ 接地，ALE、U_{CC}、$U_{REF(+)}$ 接 +5V 电源，运放电源接 ±15 V 电源；$D_0 \sim D_7$ 接逻辑开关的输出插孔，输出端 U_0 接直流数字电压表。

(2) 令 $D_0 \sim D_7$ 全置零，调节运放的电位器 R_W 使微安表 741 输出为零。

(3) 按表 6-4 所列的数值输入数字信号，用数字电压表测量运放的输出电压 U_0，并记录之。

表 6-4　D/A 转换器 DAC0832 功能测试表

输　入　数　字　量								输出模拟量 U_0 V	
								实际值	理论值
D_7	D_6	D_5	D_4	D_3	D_2	D_1	D_0		
0	0	0	0	0	0	0	0		
0	0	0	0	0	0	0	1		
0	0	0	0	0	0	1	0		
0	0	0	0	0	1	0	0		
0	0	0	0	1	0	0	0		
0	0	0	1	0	0	0	0		
0	0	1	0	0	0	0	0		
0	1	0	0	0	0	0	0		
1	0	0	0	0	0	0	0		
1	1	1	1	1	1	1	1		

2. A/D 转换器 ADC0809 功能测试

（1）按图 6-15 接线，电路接入 1 V～4.5 V 八路模拟输入信号，由＋5V 电源经电阻分压得到；转换结果 $D_0 \sim D_7$ 接逻辑电平显示器插孔，CP 时钟脉冲由脉冲信号源提供，取频率为 1 kHz。地址端 $A_0 \sim A_2$ 接逻辑电平插孔。

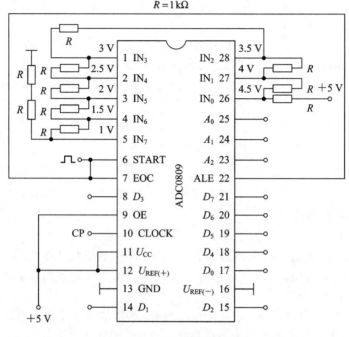

图 6-15　ADC0809 测试线路

（2）接通电源后，在启动端（START）加一正单次脉冲，在其下降沿开始进行 A/D 转换。

（3）按表 6-5 的要求，测试 $IN_0 \sim IN_7$ 八路模拟信号的转换结果，并将转换结果换算成十进制数字表示的电压值。与数字电压表实测的各路输入电压值进行比较，分析误差原因，把结果记录到表 6-5 中。

表 6-5　A/D 转换器 ADC0809 功能测试表

输入电压/V	$A_2 \ A_1 \ A_0$	D_7	D_6	D_5	D_4	D_3	D_2	D_1	D_0	十进制
4.5	0　0　0									
4.0	0　0　1									
3.5	0　1　0									
3.0	0　1　1									
2.5	1　0　0									
2.0	1　0　1									
1.5	1　1　0									
1.0	1　1　1									

6.3.2　项目操作指导

一、电路装配准备

（1）准备制作工具与仪器设备。

（2）设计电路整体安装方案。

（3）设计电路装配印制板。

二、元器件检测

1. 双积分型 A/D 转换器 CC14433

CC14433 是采用大规模 CMOS 集成工艺制成的一种双积分型 A/D 转换器，其内部具有自动调零和自动极性转换功能电路。这种大规模集成 A/D 转换器芯片的功耗低，精度高，使用和调试方便，广泛用于各种数字式电压表和数字温度计之中，可与 MC14433 互换使用。

（1）CC14433 引脚介绍。

U_{AG}（1 脚）：被测电压 U_1 和基准电压 U_R 的参考地。

U_R（2 脚）：外接基准电压（2 V 或 200 mV）输入端。

U_1（3 脚）：被测电压输入端。

R_1（4 脚）、R_1/C_1（5 脚）、C_1（6 脚）：外接积分阻容元件端。

$C_1=0.1\ \mu F$（聚酯薄膜电容器），$R_1=470\ k\Omega$（2 V 量程）。

$R_1=27\ k\Omega$（200 mV 量程）。

C_{01}（7 脚）、C_{02}（8 脚）：外接失调补偿电容端，典型值为 $0.1\ \mu F$。

DU（9 脚）：实时显示控制输入端，若与 EOC（14 脚）端连接，则每次 A/D 转换均显示。

CP_1（10 脚）、CP_0（11 脚）：时钟振荡外接电阻端，典型值为 470 kΩ。

U_{EE}（12 脚）：电路的电源最负端，接 -5V。

U_{ss}（13 脚）：除 CP 外所有输入端的低电平基准（通常与 1 脚连接）。

EOC（14 脚）：转换周期结束标记输出端，每次 A/D 转换周期结束后，EOC 输出一个正脉冲，宽度为时钟周期的 1/2。

OR（15 脚）：过量程标志输出端，当 $|U_1|>U_R$ 时，OR 输出为低电平。

$DS_4 \sim DS_1$（16～19 脚）：多路选通脉冲输出端，DS_1 对应于千位，DS_2 对应于百位，DS_3 对应于十位，DS_4 对应于个位。

$Q_0 \sim Q_3$（20～23 脚）：BCD 码数据输出端，DS_2、DS_3、DS_4 选通脉冲期间，输出 3 位完整的十进制数，在 DS_1 选通脉冲期间，输出千位 0 或 1 及过量程、欠量程和被测电压极性标志信号。

（2）主要性能指标。

分辨率：$3\frac{1}{2}$ 位。

精度：读数的 ±0.05% ±1 个字。

量程：1.999 V 和 199.9 mV 两挡（对应参考电压分别为 2 V 和 200 mV）。

转换速率：3～25 次/s。

输入阻抗：≥1000 MΩ。

时钟频率：30～300 kHz。

电源电压范围：±4.5 V～±8 V。

模拟电压输入通道数为1。

2. 显示译码器 CC4511

CC4511是常用的BCD码七段显示译码器，其内部还有锁存器和输出驱动器，它的逻辑功能表和外部引脚排列组合逻辑电路部分相关内容请自行查阅。

3. 基准电压源 5G1403

双积分型A/D转换器要求有十分稳定的参考电压(U_R)，这里采用能隙基准电压源5G1403，能提供2.5V高稳定度输出电压。它是三端式稳压组件(引脚1、2、3分别为输入、输出和共地端)，使用时只要在1脚接入+5V直流电压(由单相桥式整流，电容滤波后提供)，就可以在2脚通过外接电位器调整，获得向CC14433提供$U_R=2V$的标准参考电压。

4. 驱动阵列 5G1413

5G1413是七路达林顿驱动器阵列，每一路为集电极开路的反相器(相当于OC门)，其电流放大系数$h_{FE}\approx1500$倍，$I_{cm}\geqslant200$ Ma。七路同时工作时，每路的电流应小于40 mA。每个内部反相器的输出端还接有续流二极管VD，一般用来驱动继电器、LED。

三、整机装配

将检验合格的元器件按图安装在电路板上。

1. 电路板装配步骤

电路装配遵循"先低后高、先内后外"的原则，先安装电阻，电容C_0、C_1，再安装集成电路IC底座，最后安装数码管。

2. 电路装配工艺要求

(1) 将电路所有元器件(零部件)正确装入线路板相应位置上，采用单面焊接方法，注意应无错焊、漏焊、虚焊。

(2) 元器件(零部件)距线路板高度H为0 mm～1 mm。

(3) 元器件(零部件)引脚保留长度为0.5 mm～1.5 mm。

(4) 器件面相应元器件(零部件)高度平整、一致。

四、电路调试

(1) 插好芯片CC14433，将输入端接地，接通±5V电源(先接好地线)，此时显示器将显示"000"，如果不是，应检测电源正负电压。用示波器测量，观察DS_1～DS_4、Q_0～Q_3波形，判断故障所在。

(2) 用标准数字电压表(或数字万用表)测量输入电压，调节输入电压，使$U_1=$1.000V，这时被调数字电压表的电压指示值不一定显示"1.000"，应调整基准电压源，使指示值与标准电压表误差个位数在5以内。电阻、电位器构成一个简单的输入电压U_1调节电路。

(3) 改变输入电压U_1使$U_1=-1.000V$，检查是否显示"-"，并按(2)中方法校准显示值。

(4) 在+1.999 V～0～-1.999 V量程内再一次仔细调整(调基准电源电压)，使全部量程内的误差均不超过个位数(在5以内)。至此，一个测量范围在+1.999V的$3\frac{1}{2}$位数字直流电压表调试成功。记录输入电压为 ± 1.999 V、± 1.500、± 1.000、± 0.500、0.000 时（标准数字电压表的读数），被调数字电压表的显示值，列表记录之。用自制数字电压表测量正、负电源电压。可设计扩程测量电路进行测量。

6.4　项　目　总　结

数字化时代的到来以及微处理器和微型计算机的广泛使用，极大地促进了 A/D 转换和 D/A 转换技术的发展。实际上，在许多计算机控制、快速检测和信号处理等系统中，其所能达到的精度和速度最终还是决定于 A/D 转换器和 D/A 转换器的转换精度和转换速度。因此，转换精度和转换速度是 A/D 转换器、D/A 转换器的两个最重要的指标。

A/D 转换器、D/A 转换器的种类很多，在本项目里，只介绍了几种使用较多也比较典型的转换电路。

在 D/A 转换器中，介绍的是倒 T 形电阻网络方案。在 A/D 转换器中，介绍的是逐次渐近型、双积分型和并联比较型电路。在说明每一种电路工作原理的同时，也简单分析了它们的转换精度和转换速度。

本项目学习的重点是几种典型转换电路的基本工作原理，输出量和输入量之间的定量关系、主要特点，以及转换精度和转换速度的概念与表示方法。

练习与提高 6

一、填空题

1. 将模拟信号转换为数字信号，需要经过＿＿＿＿＿、＿＿＿＿＿、＿＿＿＿＿、＿＿＿＿＿四个过程。

2. D/A 转换器的主要性能指标为＿＿＿＿＿、＿＿＿＿＿和＿＿＿＿＿。

3. 集成电路 DAC0832 属＿＿＿＿＿转换器，其外部引脚 $\overline{CS}$ 为＿＿＿＿＿端，$D_6 \sim D_7$ 为＿＿＿＿＿端，AGND 为＿＿＿＿＿端，DGND 为＿＿＿＿＿端。

4. 为了能将模拟电流转换成模拟电压，通常在集成 D/A 转换器件的输出端外加＿＿＿＿＿。

5. 每一个 D/A 转换器都含有三个基本部分，分别是＿＿＿＿＿、＿＿＿＿＿和＿＿＿＿＿。

6. 一般的 A/D 转换器的转换过程是经过＿＿＿＿＿、＿＿＿＿＿、＿＿＿＿＿和＿＿＿＿＿这四个步骤来完成的。

二、判断题

1. D/A 转换器的最大输出电压的绝对值可达到基准电压 U_{REF}。　　　　（　　）

2. D/A 转换器的位数越多，能够分辨的最小输出电压变化量就越小。　　　　（　　）

3. D/A 转换器的位数越多，转换精度越高。　　　　（　　）

4. A/D 转换器的二进制数的位数越多，量化单位越小。　　　　（　　）

5. A/D 转换过程中，必然会出现量化误差。　　　　（　　）

6. A/D 转换器的二进制数的位数越多，量化级分得越多，量化误差就可能减小到 0。

　　　　（　　）

7. 一个 N 位逐次逼近型 A/D 转换器完成一次转换要进行 N 次比较，需要 $N+2$ 个时钟脉冲。   （   ）

8. 双积分型 A/D 转换器的转换精度高、抗干扰能力强，因此常用于数字式仪表中。
                                                                （   ）

9. 取样定理的规定，是为了能不失真地恢复原来的模拟信号，而又不使电路过于复杂。   （   ）

三、选择题

1. 一个无符号 8 位数字量输入的 D/A 转换器，其分辨率为 _____ 位。

A. 1   B. 3   C. 4   D. 8

2. 一个无符号 10 位数字输入的 D/A 转换器，其输出电平的级数为 _____。

A. 4   B. 10   C. 1024   D. 2^{10}

3. 4 位倒 T 形电阻网络 D/A 转换器的电阻网络的电阻取值有 _____ 种。

A. 1   B. 2   C. 4   D. 8

4. 为使取样输出信号不失真地表示输入模拟信号，取样频率 f_s 和输入模拟信号的最高频率 f_{Imax} 的关系是 _____。

A. $f_s \geqslant f_{Imax}$ B. $f_s \leqslant f_{Imax}$ C. $f_s \geqslant 2f_{Imax}$ D. $f_s \leqslant 2f_{Imax}$

5. 将一个时间上连续变化的模拟量转换为时间上断续（离散）的模拟量的过程称为 _____。

A. 取样   B. 量化   C. 保持   D. 编码

6. 用二进制码表示指定离散电平的过程称为 _____。

A. 取样   B. 量化   C. 保持   D. 编码

7. 将幅值和时间上离散的阶梯电平统一归并到最邻近的指定电平的过程称为 _____。

A. 取样   B. 量化   C. 保持   D. 编码

四、综合题

1. 一个 8 位 D/A 转换器，如果输出电压满量程为 5 V，则它的分辨率是多少？输出的最小电压值是多少？

2. 有一个 8 位倒 T 形电阻网络 D/A 转换器，设 $U_{REF}=+5$ V，$R_F=3R$，试求 $D_7 \sim D_8=11111111$、10000000、00000001 时的输出电压 U_O。

附 录　拓 展 知 识

拓展知识一　数字电路测试训练台简介

与模拟电路的测试类似，数字电路的测试也需要一些常用的测试仪器，除了如示波器、频率计及稳压电源等通用仪器外，数字电路测试中，还需要如电平输出器、脉冲发生器、电平指示器、字符显示器和逻辑笔等一些专用测试仪器。下面以 DZX－1 型电子学综合测试训练台上的数字电路测试单元为例，介绍数字电路测试仪的功能和使用方法。

一、数字电路测试仪的组成

DZX－1 型电子学综合测试训练台面板布局示意图如图 T1－1 所示，其右半部为模拟电路测试板，左半部为由数字电路测试板和逻辑电平开关、逻辑电平显示器等组成的数字电路测试板，下面分别介绍其中几个常用单元的功能及使用方法。

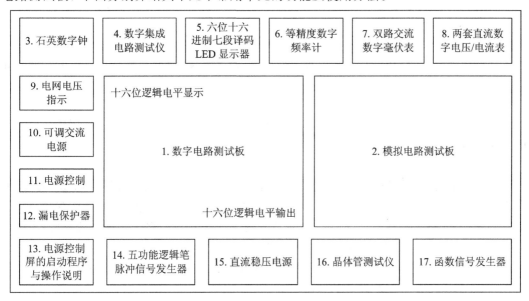

图 T1－1　DZX－1 型电子学综合测试训练台面板布局

1. 数字电路测试板(单元 1)

数字电路测试板采用单面敷铜印刷线路板制作，正面装有 8P、14P、16P、20P 及 24P 等双列直插式集成电路插座 23 只以及锁紧式插座近 500 只，并印有元器件的符号及相应的连接线条，反面是相应的印刷线路。测试板上设置有十六位逻辑电平输出(简称电平开关)一组，十六位逻辑电平输入(简称电平显示器)一组，6 位 BCD 码十进制拨码开关一套，还有复位按钮、电容、蜂鸣器等元器件，以备测试时选用。上述所有的集成电路插座及元器件的引脚，均已与锁紧插座相连接，测试时只要用带弹性插头的连接导线，依照原理线路图进行连接即可。

2. 十六位逻辑电平输出(单元 1)

本单元共提供 16 只小型单刀双掷开关及与之对应的逻辑电平输出插口，并设有发光二极管指示。当开关向上拨时，与之相对应的输出插孔输出高电平，发光二极管发出红色光指示；当开关向下拨时，相对应的输出插孔输出为低电平，发光二极管不发光。

3. 十六位逻辑电平显示(单元1)

本单元可提供16位逻辑电平显示，每一位输入都经过三极管放大驱动电路。当在输入插孔处输入高电平时，发光二极管便发出红色光指示；当输入插孔处输入低电平时，发光二极管不发光。

4. 脉冲信号发生器(单元14)

本单元能提供两组手动的正、负单次脉冲源，以及22个标准频率的脉冲信号源和一个可用作计数的频率连续可调的脉冲信号源。使用时，只要开启本单元的开关，在各个输出插孔处即可输出相应的脉冲信号。

(1) 单次脉冲信号源：由一个防抖动电路和一个按键组成，每按一次键，红灯亮，绿灯灭，表明在两个输出插孔处分别输出一个正、负单次触发脉冲。

(2) 基准脉冲信号源：由晶振通过分频电路获得标准频率的方波信号源，本单元设置了从 $Q_4 \sim Q_{26}$ 共 23 个不同频率的输出插孔，各输出口的频率可按下式确定：

$$f_n = \frac{4\ 194\ 304}{2^n}\ \text{Hz}$$

例如 Q_{22} 输出口的脉冲信号频率是标准的 1 Hz，而 Q_{12} 输出口的脉冲信号频率是标准的 1024 Hz。

(3) 频率连续可调的计数脉冲信号源

本信号源能在较宽的范围内(0.5 Hz～300 kHz)连续改变输出频率，可用作连续可调的脉冲信号源。

5. 五功能逻辑笔(单元14)

本逻辑笔由可编程逻辑器件设计而成，能够显示被测电路的五种逻辑状态。使用时，用连接导线从"输入"口接出，连接导线的另一端可作为逻辑笔的笔尖，当笔尖接触到电路中的某个测试点时，逻辑笔上的四个指示灯即可显示出该点的逻辑电平状态："高电平"、"低电平"、"中间电平"或"高阻态"；若该点有连续脉冲信号输出，则四个指示灯将同时闪烁点亮，所以称之为五功能逻辑笔。逻辑笔是检测、排除数字电路故障时的必备工具。

6. 数字集成电路测试仪(单元4)

1) 功能

本测试仪由单片机开发而成，具有丰富的测试功能：能迅速破译数字集成电路芯片型号，能区分出相同逻辑功能的 74LS 系列和 74HC 系列的芯片，可检测已知型号集成电路的好坏，可自动列出相同功能的其他可代用的芯片型号等。其集成电路芯片测试范围包括 74/54LS 系列，74/54HC/HCT/C 系列，CMOS 40XXX 系列，CMOS 45XX 系列以及部分模拟集成电路，几乎覆盖所有常用的数字集成电路。本测试仪的显示器采用七位共阴极红色 LED 数码管。

2) 使用方法

将电源开关拨至"开"，显示器应显示"PC"(当按"复位"键后，也显示"PC")，表明已进入测试初始状态。

(1) 破译集成电路型号。

在显示"PC"状态下，按一下"执行"键，显示器将显示一闪动的"正弦曲线"(最后一个数码管显示隐8字），此时只要将集成电路夹于锁紧夹中，即能显示出该芯片完整的型号，如74LS125、CD4060、CD4553等，如有相同功能的其他型号芯片，将循环显示出本芯片及其他代用芯片的型号。

（2）检测已知型号芯片的好坏。

在显示"PC"状态下，连续按动"功能"键，将依次循环显示出如下的各功能符号："74LS"、"74HC"、"CD40"、"CD45"等。

例：欲测74HC125芯片的好坏，首先应按"功能"键，在显示器显示"74HC"后，再分别按"数1"键，使74HC后的显示值为1，按"数2"键，使随后的显示值为2，按"数3"键，使最后一位显示为5。按"执行"键，显示器将循环显示"74HC125"和"BAD I.C."。当将被测的芯片夹入锁紧夹中后，若此芯片完好，则显示器循环显示"74HC125"和"GOOD I.C."，否则仍显示"BAD I.C."；若输入型号有错，也将显示"BAD I.C."；若输入的型号不在本测试仪的测试范围内，则显示"NO I.C."。

（3）操作时应注意的事项。

在按"执行"键之前，不要在锁紧夹中放置任何芯片；放置芯片的规则是将芯片的缺口朝上，使芯片的第一脚与夹子上的第一脚（旁边有"."标记）对齐。

7. 直流稳压电源（单元15）

本测试台直流稳压电源单元共有六路电压输出。使用时开启本单元的带灯电源开关，±5 V和±12 V输出指示灯亮，表示±5 V和±12 V的插孔处有电压输出；而0 V～30 V两组电源，共用一块数字电压表，其电压显示由显示切换开关转换。在数字电路的测试中，最常用的是+5 V输出的固定直流电压。

8. 等精度数字频率计（单元6）

1）功能特点

本频率计以高速低功耗CPLD器件为核心模块，配备高灵敏度的模拟变换电路与逻辑控制CPU。计频器的测量范围为0.5 Hz到100 MHz的频率，具有高的分辨率和灵敏度。

2）使用方法

（1）开启本单元的带灯电源开关，八位LED（红色）显示器点亮。

（2）测频键：当点击该键时进入频率测量状态。

（3）计数/FB键：当点击该键时进入计数状态。

（4）保持键：当点击该键时进入数据保持状态。

（5）滤波键：当点击该键时使信号输入通道滤波，相应指示灯亮。再点击时不滤波，在低频测量时由于有噪声会使读值不稳定，点击该键。

（6）衰减键：当点击该键时使信号输入通道衰减，相应指示灯亮。再点击时不衰减，当DC>10Urms或被测信号的幅值未知的情况下，点击该键对被测信号进行衰减。在衰减状态下也会相应提高频率计的输入阻抗。

二、数字电路测试仪使用注意事项

（1）测试前务必熟悉测试仪上各单元仪器仪表及元器件的功能、参数及其接线位置，特别要熟知各集成块插脚引线的排列方式及接线位置。

（2）接线前必须先断开总电源与各单元电源开关，严禁带电接线。

（3）接线完毕，检查无误后，再通电进行测试，也只有在断电后方可插拔集成芯片，严禁带电插拔集成芯片。

拓展知识二　数字电路测试基础知识

能正确进行数字电路测试也是电子技术工作者应掌握的基本技能之一。在数字电子电路学习过程中通过进行数字电路测试训练，也可使学习者迅速熟悉各种数字器件的功能、参数及数字电路的内在规律，熟悉各单元电路的工作原理和个功能电路之间的相互影响，从而有效地培养学习者对数字电路的分析能力和应用能力。本部分简要介绍数字电路测试过程中需要掌握的一些基础知识。

一、数字电路的基本测试过程

一个完整的电路测试过程，应包括测试准备、测试操作和测试报告等主要环节，其主要内容包括确定测试内容、选定测试方法和测试电路、拟出具体的测试步骤、合理选择测试仪器和元器件、进行电路连接和调试、最后写出完整的测试报告。

1. 测试准备

认真做好测试准备是完成测试的重要环节。在测试前首先要认真研究有关测试的基本原理，掌握有关器件使用方法，对如何进行测试做到心中有数。在测试前应做好如下准备：

（1）绘出设计好的测试电路图，该图应是逻辑图和连线图的混合图，既便于电路连接，又反映电路原理，并在图上标出器件型号、使用的引脚号及元件数值，以及各测试仪器的连接位置，必要时可用文字加以注解说明。

（2）拟定测试方法和具体步骤。

（3）拟定记录测试数据的表格和波形坐标。

（4）列出所用器材清单。

2. 测试操作

测试操作是根据测试前拟定的测试方法和步骤，进行电路连接、加载信号并获得测试数据资料的过程。测试过程中所产生的数据和波形必须和理论基本一致，数据记录必须清楚、合理、正确；若不正确，要及时进行重复测试，找出原因，绝对不允许主观修改数据。测试记录主要有以下内容：

（1）测试项目的名称、任务及内容。

（2）测试数据和波形以及测试中出现的现象，从测试记录中应能初步判断测试过程的正确性。

（3）记录波形数据时，应注意输入、输出波形的电平状态与时间、相位的对应关系。

（4）测试中实际使用的仪器型号以及元器件的使用情况。

二、测试报告

测试报告是测试过程的技术总结，要求文字简练，内容清楚，图表工整，结论准确。报告内容应包括测试目的、测试过程和结论以及测试时使用的器材等。其中，测试过程和结论是测试报告的重点部分，具体内容应涵盖实际测试的整个过程，所有数据及结论必须客观、准确，不得随意修改或主观臆造数据。对测试过程中的异常现象或心得体会亦应做简要说明。

三、数字电路测试操作规范

在数字电路测试中，操作方法与步骤的正确与否对测试结果影响很大。因此，测试时要注意以下几个要点。

1. 规范操作

(1) 搭接电路前，应对主要仪器设备(如电平开关、电平显示器等)进行必要的检查，对所用集成电路进行功能测试(可利用集成电路测试仪快速测试)。

(2) 搭接电路时，应遵循正确的布线原则和操作步骤(按照先接线后通电，做完后，先断电再拆线的步骤)。

(3) 掌握科学的调试方法，有效地分析并检查故障，以确保电路工作稳定可靠。

(4) 仔细观察测试中的现象，完整准确地记录测试数据并与理论值进行比较分析。

(5) 测试完毕，确认测试结果无误，可关断电源，拆除连线。

2. 正确布线

在数字电路测试中，由于连线较多，所以由布线错误引起的故障，占很大比例。布线错误不仅会引起电路故障，严重时甚至会损坏器件，因此，注意布线的合理性和科学性是十分必要的。正确的布线原则大致有以下几点：

(1) 不允许将集成电路芯片方向插反，一般 IC 的方向是缺口(或标记)朝左，引脚序号从左下方的第一个引脚开始，按逆时针方向依次递增至左上方的第一个引脚。

(2) 导线应长短适当，一般以够用、稍长为原则。最好采用各种颜色线以区别不同用途，如电源正极用红色导线，地线用黑色导线等。

(3) 布线应按一定顺序进行，防止漏接错接。较好的方法是先接好固定电平点，如电源线、地线、门电路闲置输入端、触发器的置位与复位端等，再按信号传递的顺序从输入端到输出端依次布线。

(4) 连线应避免从集成器件上方跨接，避免过多的重叠交错，以利于更换元器件以及故障检查和排除。

(5) 当测试电路使用的集成元器件较多时，应注意集成元器件的合理布局，以便得到最佳布线。若电路中有两只以上相同型号集成元器件时，应在电路图上对其进行编号以防接错。

(6) 对较大综合测试项目，使用的元器件是很多的，可将总电路按功能划分为若干相对独立的单元电路，逐个布线、调试(分调)，然后将各部分连接起来调试(联调)。

四、数字电子电路常见故障及故障检查方法

1. 数字电子电路常见故障原因

处于工作或测试中的数字电子电路，如果不能完成预定的逻辑功能，则称电路有故障，产生故障的原因大致可以归纳为以下四个方面：

(1) 数字集成电路操作不当(如布线错误等)。

(2) 设计不当(如电路出现竞争冒险等)。

(3) 元器件使用不当或功能不正常。

(4) 测试仪器本身出现故障。

2. 数字电路故障检查方法

上述四点应作为检查故障的主要线索，下面介绍几种常见的故障检查方法。

1) 查线法

由于在测试中大部分故障都是由于布线错误引起的，因此，在故障发生时，复查电路连线为排除故障的有效方法。应着重注意：有无漏接、错接，集成电路是否插牢、集成电路是否插反等。当使用多个芯片时，应检查是否给每个芯片接上电源线和地线。

2）测量法

用逻辑笔或万用表测量各集成块的电源端和是否加上规定的电源电压，输入信号、时钟脉冲等是否加到测试电路上；重复测试观察故障现象，然后对某一故障状态，用逻辑笔或万用表测试各输入/输出端的电平状态，从而判断出是否是插座板、集成块引脚连接线等原因造成的故障。

3）信号寻迹法

在电路的输入端加上规定的输入信号，用五功能逻辑笔按照信号流向逐级检查是否有响应、是否正确，从而确定该级是否有故障，必要时可以断开故障单元与外围电路连线，避免相互影响。

4）替换法

必要时可更换器件，以检查器件功能不正常所引起的故障。

5）动态逐级检查法

对于时序电路，可输入时钟信号按信号流向依次检查各级波形，直到找出故障点为止。

6）断开反馈线检查法

对于含有反馈线的闭合电路，可断开反馈线进行检查，或进行状态预置后再进行检查。

以上六种检查故障的方法，在测试过程中应综合运用。

五、常用数字集成电路的特点及使用注意事项

数字电子电路目前已经高度集成化，其类别及品种繁多，熟悉各类数字集成电路的特点及使用注意事项，是学习和掌握数字电路应用的重要内容。下面简要介绍常用的 TTL 与 CMOS 数字集成电路的主要特点及使用注意事项，作为使用或测试数字电路时的参考。

1. TTL 数字集成电路的特点和注意事项

（1）采用 +5 V 的电源供电，实际工作电压应在 4.75 V～5.25 V 的范围内。

（2）输出电阻低，有利于提高电路的带负载能力。

（3）工作频率不高，最高工作频率约 30 MHz 左右。

（4）高电平输入电压 U_{IH}>2 V，低电平输入电压 U_{SL}<0.8 V，输出电流应小于最大推荐值。

（5）输出端不允许直接接电源或接地（但可以通过电阻与电源相连），不允许直接并联使用。

（6）悬空输入端相当于输入高电平，但是为了提高电路抗干扰能力，多余输入端最好不要悬空，而应根据逻辑要求选择接 U_{CC} 或地。

2. CMOS 数字集成电路的特点和注意事项

（1）电源电压范围宽，如 4000 系列 CMOS 电路的电源电压范围为 3 V～18 V。

（2）静态功耗低，从而有利于提高集成度和封装密度，降低成本，减小电源功耗。

（3）输入阻抗高，CMOS 集成电路工作时其输入端保护二极管处于反偏状态，直流输入阻抗可大于 100 MΩ。

（4）扇出能力强，在低频时，一个输出端可驱动 50 个以上的 CMOS 器件的输入端。

（5）多余输入端不能悬空，应按逻辑要求接 U_{DD} 或接 U_{SS}，以免受干扰造成逻辑混乱。对于工作速度要求不高，而要求增加带负载能力时，可把输入端并联使用。

（6）输出端处理：输出端不允许直接接 U_{DD} 或 U_{SS}，不允许两个不同芯片输出端并联使用，但有时为了增加驱动能力，同一芯片上的输出端可以并联。

（7）U_I 的高电平 $U_{IH} < U_{DD}$，U_I 的低电平 U_{IL} 小于电路系统允许的低电压。当器件 U_{DD} 端未接通电源时，不允许信号输入，否则将使输入端保护电路中的二极管损坏。

拓展知识三　部分数字集成电路引脚排列图

一、74LS 系列

74LS00四2输入与非门

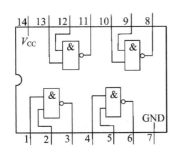

74LS86四2输入异或门

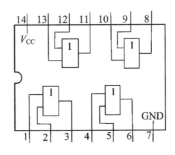

74LS03四2输入OC与非门

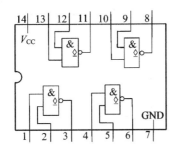

74LS04六反相器

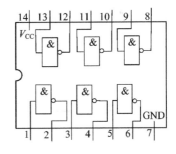

74LS08四2输入与门

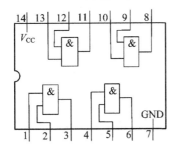

74LS20双4输入与非门

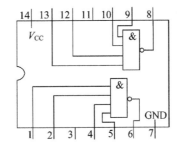

74LS32四2输入与门

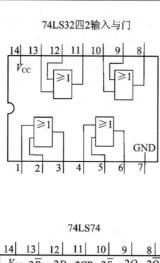

74LS54

74LS74

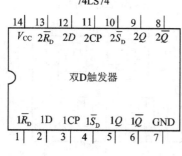

74LS02

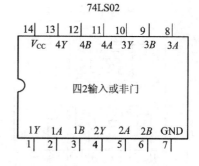

74LS90

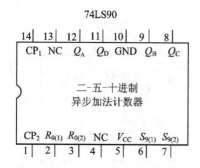

74LS112

74LS125

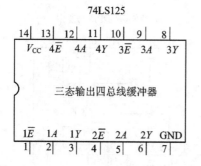

74LS138

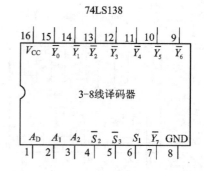

74LS151

16	15	14	13	12	11	10	9
V_{CC}	D_4	D_5	D_6	D_7	A_0	A_1	A_2

8选1数据选择器

D_3	D_2	D_1	D_0	Y	$\overline{Y}$	$\overline{G}$	GND
1	2	3	4	5	6	7	8

74LS153

16	15	14	13	12	11	10	9
V_{CC}	$2\overline{Q}$	A_0	$2D_3$	$2D_2$	$2D_1$	$2D_0$	$2Y$

双4选1数据选择器

$1\overline{G}$	A_1	$1D_3$	$1D_2$	$1D_1$	$1D_0$	$1Y$	GND
1	2	3	4	5	6	7	8

74LS175

16	15	14	13	12	11	10	9
U_{CC}	$4Q$	$4\overline{Q}$	$4D$	$3D$	$3\overline{Q}$	$3Q$	CP

四D触发器

$\overline{CR}$	$1Q$	$1\overline{Q}$	$1D$	$2D$	$2\overline{Q}$	$2Q$	GND
1	2	3	4	5	6	7	8

74LS192

16	15	14	13	12	11	10	9
U_{CC}	D_0	CR	$\overline{BO}$	$\overline{CO}$	$\overline{LD}$	D_2	D_3

同步十进制双时
钟可逆计数器

D_1	Q_1	Q_0	CP_D	CP_U	Q_2	Q_3	GND
1	2	3	4	5	6	7	8

74LS193

16	15	14	13	12	11	10	9
U_{CC}	D_0	CR	$\overline{BO}$	$\overline{CO}$	$\overline{LD}$	D_2	D_3

二进制可预置数
加/减计数器

D_1	Q_1	Q_0	CP_D	CP_U	Q_2	Q_3	GND
1	2	3	4	5	6	7	8

74LS194

16	15	14	13	12	11	10	9
U_{CC}	Q_0	Q_1	Q_2	Q_3	CP	S_1	S_0

四位双向移位寄存器

$\overline{CR}$	S_R	D_0	D_1	D_2	D_3	S_L	GND
1	2	3	4	5	6	7	8

DAC0832

1	$\overline{CS}$	八	U_{CC}	20
2	$\overline{WR1}$	位	1LE	19
3	AGND	数	$\overline{WR2}$	18
4	D_3	/	$\overline{XEFR}$	17
5	D_2	模	D_4	16
6	D_1	转	D_5	15
7	D_0	换	D_6	14
8	V_{REF}	器	D_7	13
9	R_{fb}		I_{OUT2}	12
10	DGND		I_{OUT1}	11

ADC0809

1	IN_3		IN_2	28
2	IN_4		IN_1	27
3	IN_5		IN_0	26
4	IN_6	八	A_0	25
5	IN_7	路	A_1	24
6	START	八	A_2	23
7	EOC	位	ALE	22
8	D_3	模	D_7	21
9	OE	数	D_6	20
10	CLOCK	转	D_5	19
11	U_{CC}	换	D_4	18
12	$V_{REF(+)}$	器	D_0	17
13	GND		$V_{REF(-)}$	16
14	D_1		D_2	15

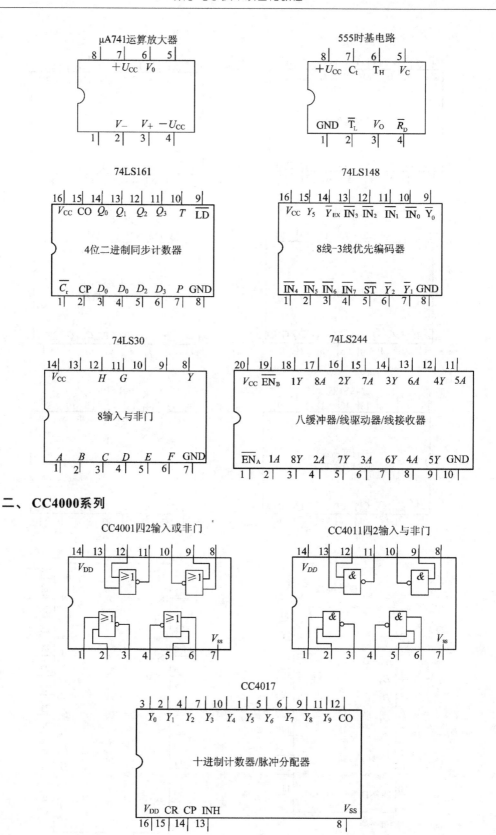

二、CC4000系列

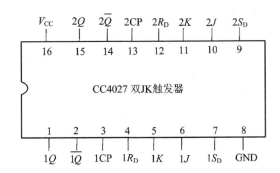

CC14528(CC4098)

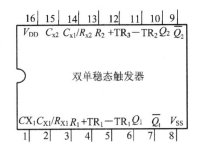

双时钟BCD可预置数
十进制同步加/减计数器

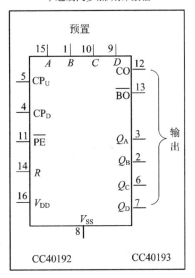

CC4024

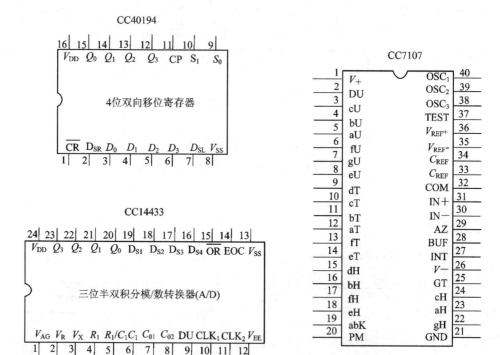

三、 CC4500系列

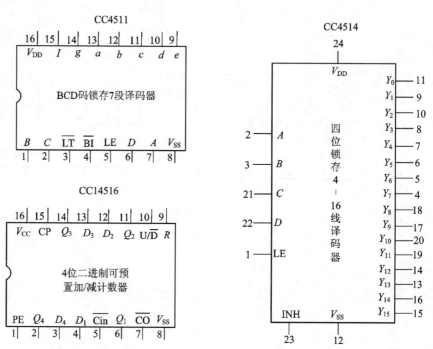

CC4518

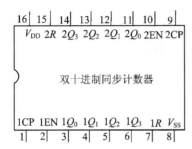

CC4553

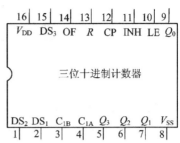

CC14512

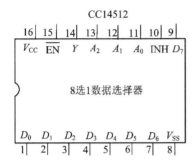

CC14539

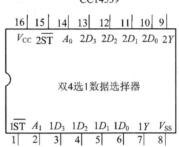

参 考 文 献

[1]　阎石. 数字电子技术基础. 4 版. 北京：高等教育出版社，1998 年.

[2]　姜学庸，赵九捷，赵一群. 数字电子技术. 天津：天津大学出版社，1994 年.

[3]　[美] M. Morris Mano，Charles R. Kime. 数字逻辑与计算机硬件设计基础. 2 版（英文原版）. 北京：电子工业出版社，2002 年.

[4]　李玉山，来新泉. 电子系统集成设计技术. 北京：电子工业出版社，2002 年.

[5]　康华光. 电子技术基础（模拟部分）. 4 版. 北京：高等教育出版社，1999 年.

[6]　陈颖. 电子材料与元器件. 北京：电子工业出版社，2003.

[7]　李朝青. 单片机 &DSP 外围数字 IC 技术手册. 北京：北京航空航天大学出版社，2003.

[8]　沈尚贤. 电子技术导论. 下册. 北京：高等教育出版社，1996.

[9]　邓家龙. 模拟电子技术基本教程. 北京：高等教育出版社，1996.

[10]　胡晓光. 数字电子技术基础. 北京：北京航空航天大学出版社，2007.